SANDRO VARGAS RAMOS

**ESTUDIO DE PREFACTIBILIDAD DE UN MODELO DE NEGOCIO DE UNA EMPRESA PRODUCTORA Y COMERCIALIZADORA DE LADRILLOS DE 6 HUECOS EN LA COMUNIDAD LA PEÑA EN LA CIUDAD DE SANTA CRUZ DE LA SIERRA**

Vargas Ramos, Sandro
Justiniano Gallardo, Norberto Ely
ESTUDIO DE PREFACTIBILIDAD DE UN MODELO DE NEGOCIO DE UNA EMPRESA PRODUCTORA Y COMERCIALIZADORA DE LADRILLOS DE 6 HUECOS EN LA COMUNIDAD LA PEÑA EN LA CIUDAD DE SANTA CRUZ DE LA SIERRA
1er edición en español: Bolivia, Ed. UPDS, 2024.
190 p.; 22,86 x 15,24 cm
ISBN - 9798326128478

Publicación: Luis Fernando Nuñez Vela Carvalho
Diagramación: Mónica Taquimallco Acho
Revisión Científica del Texto: Elio Yupanqui Zenteno
Diseño de tapa: Diego Fernández Romero (2024)
PRIMERA EDICION: ABRIL 2024
Derechos Reservados
Impreso en Bolivia

**Coautor**

*Nolberto Eli Justiniano Gallardo*

## *DEDICATORIA*

*Este trabajo está dedicado*

*A mi familia que me han brindado mucho apoyo para llegar hasta donde estoy, en especial a nuestros docentes siendo ellos parte de nuestro soporte necesario para mi desarrollo.*

*Pues es a ellos a quienes les debo su amor y apoyo incondicional*

## AGRADECIMIENTO

*A Dios primeramente por ser el artífice y principal autor de nuestros logros y metas cumplidas*

*A mis padres por ser mis guías y ayuda siempre en todo momento*

*Que se preocuparon por hacer de mí una mejor persona cada día, a nuestro docente que no solo pensó en que debía cumplir un programa; ¡sino que realmente se preocupó por sentar valores de base en mi vida!*

*A nuestros compañeros por acompañarnos en esta etapa de nuestras vidas y apoyarnos mutuamente para lograr nuestras metas.*

## RESUMEN/ ABSTRACT

**TITULO:** Estudio de prefactibilidad de un modelo de negocio de una empresa productora y comercializadora de ladrillos de 6 huecos en la comunidad la peña en la ciudad de Santa Cruz de la Sierra.

**AUTOR:** Sandro Vargas Ramos

### PROBLEMÁTICA

En el presente proyecto se realizará un estudio de prefactibilidad de la creación de una modelo de negocio de una empresa producto y comercializadora de ladrillos de 6 huecos, ubicada en la ciudad de Santa Cruz de la Sierra, en al cantón Tundy, comunidad La Peña.

### OBJETIVO GENERAL

Elaborar una propuesta de procedimiento técnico de empalme aplicando el vulcanizado para bandas transportadoras para el sector industrial

### CONTENIDO

El proyecto efectuara los siguientes puntos que se detalla: la introducción del proyecto, se realiza una definición del marco teórico, se estudia y analiza el aprovisionamiento de la materia prima (Arcilla) e insumos, se efectúa el estudio de mercado, se determina el tamaño y localización de la planta de producción, en la ingeniería del proyecto donde se detalla la selección de la tecnología y requerimientos de maquinarais y en especial del número del hornos, también así se determinación de la inversión fija, diferida y de capital de trabajo, se realiza el análisis de ingresos y egresos, la estructura de financiamiento y evaluación económica del proyecto, tanto así como el impacto ambiental, Organización de la Empresa. Impacto ambiental y finalmente con las conclusiones y recomendaciones.

# Indice de contenido

**Contenido**
**Capítulo I  Introducción** ........................................................................ 21
   1.1. Introducción ................................................................................. 21
   1.2. Objetivos ..................................................................................... 21
      1.2.1. Objetivos Generales............................................................... 21
      1.2.2. Objetivos Específicos ............................................................ 21
**Capitulo II Marco Teórico Y Conceptual** ............................................ 23
   2.1. Marco Teórico.............................................................................. 23
      2.1.1. Materia Prima ........................................................................ 23
      2.1.2. Tipos De Ladrillo ................................................................... 23
      2.1.3. Usos ........................................................................................ 23
      2.1.4. Insumos Y Materiales ............................................................ 24
   2.2. Marco Conceptual........................................................................ 25
      2.2.1. Proveedores ............................................................................ 25
**Capitulo III  Marco Práctico** ................................................................ 27
   3.1. Estudio Del Mercado ................................................................... 27
      3.1.1. Antecedentes.......................................................................... 27
      3.1.2. Características Geométricas .................................................. 28
   3.2. Demanda De Ladrillos En Santa Cruz......................................... 28
      3.2.1. Análisis Histórico De La Demanda ...................................... 29
      3.2.2. Demanda Futura De Ladrillos En Santa Cruz ...................... 33
   3.3. Oferta De Ladrillos En Santa Cruz ............................................. 38
      3.3.1. Oferta Proyectada De Ladrillos En Santa Cruz ................... 40
      3.3.2. Precios Históricos Del Ladrillo En Santa Cruz ................... 42
      3.3.3. Productos Sustitutos.............................................................. 44
   3.4. Segmento De Clientes ................................................................. 44
      3.4.1. Cálculo Del Tamaño De La Muestra .................................... 44
      3.4.2. Resultado De Las Encuestas ................................................. 46
   3.5. Balance Demanda-Oferta De Ladrillos De Cerámica................. 53
      3.5.1. Comercialización De Ladrillos En Santa Cruz .................... 55
   3.6. Localización................................................................................. 56
   3.7. Tamaño......................................................................................... 58
   3.8. Ingeniería Del Proyecto ............................................................... 61
      3.8.1. Definición Del Producto....................................................... 61
   3.9. Descripción Del Proceso De Producción ................................... 62

3.9.1. Preparación De La Arcilla .................................................................. 62
3.9.2. Trituración ...................................................................................... 62
3.9.3. Molienda ........................................................................................ 63
3.9.4. Amasado ........................................................................................ 64
3.9.5. Extrusado ....................................................................................... 65
3.9.6. Secado ............................................................................................ 66
3.9.7. Cocción .......................................................................................... 67
3.9.8. Selección ........................................................................................ 69
3.9.9. Empaque ........................................................................................ 70
3.10. Capacidad De La Planta De Producción ............................................ 71
3.10.1. Descripción De Equipos Y Maquinarias ........................................ 71
3.10.2. Diagrama De Bloques .................................................................... 73
3.10.3. Balance De Materia Prima ............................................................. 74
3.10.4. Horno Cedan .................................................................................. 76
3.10.5. Balance De Energía ....................................................................... 77
3.10.6. Cálculo De Gas Para La Combustión ............................................ 81
3.10.7. Cálculo De Aire Requerido Para La Combustión ......................... 83
3.10.8. Energía Disipada En Los Gases De Chimenea ............................. 84
3.10.9. Instalación De Gas Natural ........................................................... 85
3.11. Programa De Producción .................................................................... 85
3.11.1. Curso Grama Analítico .................................................................. 85
3.11.2. Planeación Agregada De Producción ........................................... 87
3.11.3. Plan De Requerimiento De Materiales .......................................... 89
3.11.4. Muebles Y Enseres ........................................................................ 89
3.12. Obras Civiles ....................................................................................... 92
3.12.1. Infraestructura ............................................................................... 92
3.12.2. Requerimiento De Servicios Básicos ............................................ 99
3.12.3. Mano De Obra Directa .................................................................. 99
3.13. Inversión Del Proyecto ....................................................................... 100
3.13.1. Inversión Fija ................................................................................ 100
3.13.2. Terreno .......................................................................................... 101
3.13.3. Obras Civiles ................................................................................. 101
3.13.4. Maquinarias Y Equipos ................................................................. 102
3.13.5. Inversión En Sistema De Agua Propio ......................................... 103
3.13.6. Inversión En Muebles Y Enseres .................................................. 105
3.13.7. Inversión En Equipos De Comunicación Y Computación ........... 105
3.13.8. Subestación ................................................................................... 106

3.13.9. Vehículos ................................................................. 107
3.13.10. Tanque De Agua ..................................................... 107
3.13.11. Imprevistos ............................................................. 107
3.13.12. Equipos De Seguridad Y Señalizaciones ................. 107
3.13.13. Capacitación ........................................................... 111
3.14. Inversiones En Activo Diferido .................................... 111
3.14.1. Estudio Del Proyecto De Factibilidad ....................... 112
3.14.2. Diseño Final ............................................................. 112
3.14.3. Gastos De Organización ........................................... 112
3.14.4. Montaje De La Maquinaría ....................................... 113
3.14.5. Gastos De Adiestramiento ........................................ 113
3.14.6. Imprevistos ............................................................... 113
3.15. Capital De Operación ................................................... 114
3.16. Resumen De La Inversión ............................................ 115
3.17. Costos Y Presupuestos .................................................. 116
3.17.1. Costos Variables ....................................................... 116
3.17.2. Resumen De Los Costos Variables ........................... 118
3.18. Costos Fijos .................................................................. 118
3.18.1. Costo De Mano De Obra Indirecta ........................... 119
3.19. Costos Totales .............................................................. 123
3.19.1. Costos Unitarios ....................................................... 123
3.20. Ingresos Por La Venta De Ladrillos ............................. 124
3.20.1. Punto De Equilibrio ................................................. 124
3.21. Financiamiento ............................................................. 125
3.21.1. Necesidades De Capital ............................................ 126
3.21.2. Fuentes De Financiamiento ...................................... 126
3.21.3. Fuentes Y Uso De Fondos ........................................ 128
3.22. Evaluación Económica Y Financiera ........................... 129
3.22.1. Evaluación Económica Del Proyecto ....................... 129
3.22.2. Determinación Del Costo Del Capital De Mercado .. 129
3.22.3. Valor Actual Neto .................................................... 130
3.22.4. Tasa Interna De Retorno .......................................... 132
3.22.5. Rentabilidad Sobre La Inversión (Ri) ...................... 133
3.22.6. Periodo De Recuperación De La Inversión ............. 134
3.22.7. Análisis De Sensibilidad .......................................... 134
3.23. Organización ................................................................ 136
3.23.1. Razón Social De La Empresa ................................... 136

3.23.2. Tipo De Sociedad ........................................................................ 136
3.23.3. Organigrama De La Empresa ..................................................... 137
3.24. Descripción De Los Puestos De Trabajo ........................................ 139
3.25. Impacto Ambiental .......................................................................... 143
3.25.1. Ley Del Medio Ambiente ............................................................ 143
3.25.2. Identificación De Impactos ......................................................... 143
3.25.3. Fuentes De Generación De Emisiones A La Atmósfera ............ 145
3.25.4. Categorización De La Industria De Acuerdo Con El Rasim ...... 145
**Capitulo IV  Conclusiones Y Recomendaciones ............................... 149**
4.1. Conclusiones ..................................................................................... 149
4.2. Recomendaciones ............................................................................. 151
Referencias        153
Anexos                   ........................................................................... 155

## ÍNDICE DE TABLAS

**Tabla 1** Número de viviendas por tipo en Bolivia ........................ 29
**Tabla 2** Viviendas por censo y por departamento ........................ 30
**Tabla 3** Datos censales de viviendas en el Dpto. De Santa Cruz ............ 31
**Tabla 4** Datos censales de población y viviendas en el Dpto. De Santa Cruz 33
**Tabla 5** Capacidad instalada de producción de ladrillos de cerámicas de Santa Cruz .................................................................... 38
**Tabla 6.** Oferta histórica de ladrillos periodo 2012-2022 ................ 39
**Tabla 7** Oferta proyectada de ladrillos por empresas en Santa Cruz expresados en unidades de ladrillos ...................................... 40
**Tabla 8.** Precios históricos en Santa Cruz ............................... 42
**Tabla 9** Preferencia de compra de ladrillos de cerámica ................. 49
**Tabla 10** Aspectos por considerar para la mejora de estos productos ..... 50
**Tabla 11** Proyectadas probables de ladrillos de 6 huecos ................ 54
**Tabla 12** Marco localización ............................................ 58
**Tabla 13.** Micro Localización ............................................ 58
**Tabla 14.** Mercado meta producción proyectada ........................... 60
**Tabla 15.** Planificación de la producción ................................ 71
**Tabla 16.** Especificaciones técnicas de equipo ........................... 72
**Tabla 17** Especificaciones técnicas de equipos (continuación) ........... 73
**Tabla 18.** Descripción del proceso en diagrama de bloques ............... 74
**Tabla 19.** Balance de materia pima de los ladrillos Trituración-Molienda .... 74
**Tabla 20** Balance de materia en amasado y extrusado .................... 75
**Tabla 21** Balance de materia en secado y cocción ....................... 75
**Tabla 22** Balance de materia en cocción y empaquete del producto ....... 76
**Tabla 23.** Requerimiento energético para dos cámaras .................... 81
**Tabla 24** Reacciones de combustiones de los componentes del gas natural . 82
**Tabla 25** Balance de masa de combustión ................................ 83
**Tabla 26** Calores sensibles de compuesto de combustión. ................ 84
**Tabla 27** Energía asociada en los gases de combustión. ................. 85
**Tabla 28.** Cursograma analítico de ladrillo de 6 huecos ................. 86
**Tabla 29** Planeación agregada para el año 2023. ........................ 88
**Tabla 30** Planeación agregada para el año 2028 ......................... 89
**Tabla 31** Planeación de requerimiento de materia prima e insumos. ...... 89
**Tabla 32** Requerimientos de Muebles y Enseres .......................... 90
**Tabla 33** Requerimiento de muebles y enseres (Continuación) ............ 91
**Tabla 34** Matriz de relaciones .......................................... 94
**Tabla 36.** Requerimiento de fuerza motriz ............................... 99
**Tabla 37.** Requerimiento de agua de procesos ............................ 99
**Tabla 38.** Requerimiento de mano de obra directa ........................ 100
**Tabla 39.** Inversión fija ................................................ 101
**Tabla 40.** Inversión en obras civiles ................................... 102
**Tabla 41.** Inversión en maquinarias y equipos de producción ............. 102
**Tabla 42** Inversión en horno CEDAN de 12 cámaras. ...................... 103
**Tabla 43.** Inversión en perforación de pozo ............................. 104

**Tabla 44** Provisión e instalación de bomba de agua expresada en dólares ... 104
**Tabla 45.** Inversión en muebles expresado en dólares ................................. 105
**Tabla 46** Inversión en equipos de comunicación y computación ............... 106
**Tabla 47** Inversión en subestación eléctrica .............................................. 106
**Tabla 48.** Inversión en vehículos ($u$) ....................................................... 107
**Tabla 49** Inversión en equipos de seguridad .............................................. 108
**Tabla 50.** Inversión en EPP ......................................................................... 109
**Tabla 51.** Inversión en EPP ......................................................................... 110
**Tabla 52** Inversión en activos diferidos ...................................................... 111
**Tabla 53** Resumen de la inversión diferida ................................................. 112
**Tabla 54** Gastos de organización ................................................................. 113
**Tabla 55** Capital de operaciones ................................................................. 114
**Tabla 56** Capital de operaciones para materia prima e insumos de 3 meses 115
**Tabla 57.** Resumen de la inversión total ...................................................... 115
**Tabla 58** Beneficios o cargas sociales ........................................................ 116
**Tabla 59.** Costos de materia prima e insumos ............................................. 117
**Tabla 60** Costos de mano de obra directa expresado en dólares ................. 118
**Tabla 61.** Resumen de costos variables expresado en $us ........................... 118
**Tabla 62** Costos de mano de obra indirecta expresada en dólares ............... 119
**Tabla 63** Costos de ropa de trabajo de Mano de obra directa ..................... 120
**Tabla 64** Costos de mantenimiento .............................................................. 120
**Tabla 65** Costos del seguro .......................................................................... 121
**Tabla 66** Depreciación de activos fijos ....................................................... 121
**Tabla 67** Depreciación de inversión diferida ............................................... 122
**Tabla 68** Amortización del préstamo expresado en dólares ........................ 122
**Tabla 69** Resumen de los costos fijos expresados en dólares ..................... 123
**Tabla 70** Costos totales proyectados de producción de ladrillos ($us) ....... 123
**Tabla 71** Costos unitarios proyectados de producción expresado en dólares y en bolivianos .................................................................................. 124
**Tabla 72** Ingresos proyectados de la venta de ladrillos ($us) ..................... 124
**Tabla 73** Puntos de equilibrio alcanzados en los años del proyecto ........... 125
**Tabla 74** Estructura de la inversión .............................................................. 126
**Tabla 75** Banco Mercantil de Santa Cruz .................................................... 126
**Tabla 76** Servicio a la deuda expresada en dólares ..................................... 127
**Tabla 77** Fuentes y usos de fondos (en dólares americanos) ...................... 128
**Tabla 78** Determinación de la tasa de actualización ................................... 129
**Tabla 79.** Flujo de fondos con financiamiento expresado en dólares .......... 131
**Tabla 80** Rentabilidad sobre la inversión .................................................... 133
**Tabla 81** Periodo de recuperación de la inversión ...................................... 134
**Tabla 82** Evaluación incrementando la inversión fija en 20 % ................... 135
**Tabla 83** Evaluación incrementando el precio de la arcilla a 23,42 $us/Tn . 136
**Tabla 84** Evaluación disminuyendo el precio del ladrillo de 1 Bs a 0,8 Bs/Unidad .................................................................................................. 136
**Tabla 85** Impactos generados en el proceso de producción de ladrillos ...... 144
**Tabla 86** Clasificación Industrial por riesgo de contaminación (CAEB) ..... 146
**Tabla 87** Instrumentos de regulación de alcance particular – Irap ............... 147

## ÍNDICE DE IMÁGENES

**Imagen 1** Forma de ladrillo de cerámica de 6 huecos, NB 121001     28
**Imagen 2** Crecimiento de la mancha urbana de Santa Cruz de la Sierra     31
**Imagen 3** Área construida con ladrillo de 6 huecos     36
**Imagen 4.** Area construida con ladrillo adobito     37
**Imagen 5.** Área de ubicación de la planta     56
**Imagen 6.** Características del ladrillo de 6 huecos     61
**Imagen 7.** Esquema del horno cedan     77

## ÍNDICE DE GRÁFICO

**Gráfico 1.** Forma de Tenencia de viviendas particulares, censos 2001-2012     32
**Gráfico 2** Crecimiento poblacional y de viviendas (Censos 1976- 2012)     34
**Gráfico 3.** Datos históricos (2012-2022)     39
**Gráfico 4.** Proyección de la oferta de ladrillos (2023-2028)     41
**Gráfico 5.** Datos históricos de precios del ladrillo     43
**Gráfico 6.** Tipo de empresa al que pertenece     47
**Gráfico 7.** Tiene preferencia en ladrillos de 6 huecos     47
**Gráfico 8.** Tendencia de Uso de Ladrillos Convencionales en Proyectos de Construcción     48
**Gráfico 9.** Características consideradas mayor importante en un ladrillo     48
**Gráfico 10.** Preferencia de Compra de Ladrillos de Cerámica     49
**Gráfico 11.** Aspectos por considerar para la mejora de estos productos     50
**Gráfico 12.** Cantidad disponible para pagar     51
**Gráfico 13.** Frecuencia de uso de ladrillos de 6 huecos convencionales     51
**Gráfico 14.** Lugar de compra de ladrillo     52
**Gráfico 15** Demanda y oferta proyectada (2023-2028)     55
**Gráfico 16.** Sistema de comercialización de ladrillos     56
**Gráfico 17.** Demanda total y oferta proyectada producto y demanda insatisfecha en unidades de ladrillo (2023-2032)     61

## ÍNDICE DE ECUACIONES

**Ecuación 1.** % de Incremento intercensal ...................................................... 34
**Ecuación 2** Determinación de tasas de incremento anual de viviendas ......... 35
**Ecuación 3.** Cálculo del tamaño de la muestra ............................................... 45
**Ecuación 4** Calor requerido para la cocción de productos ............................ 78
**Ecuación 5** Calor disipado por las paredes y bóveda del horno .................... 79
**Ecuación 6** Calor requerido para calentar parrilla de deflectores ................. 79
**Ecuación 7.** Calor requerido para la cocción de productos ............................ 80
**Ecuación 8.** Calor disipado por las paredes y bóveda del horno .................... 80
**Ecuación 9** Calor requerido para calentar parrilla de deflectores ................. 81
**Ecuación 10** Cálculo de gas para la combustión ............................................. 82
**Ecuación 11** Rentabilidad Sobre la Inversión (RI) ......................................... 133

## ÍNDICE DE PLANOS

**Plano 1.** Plano general – vista I ....................................................................... 96
**Plano 2.** Plano general – vista II ..................................................................... 97

## ÍNDICE DE DIAGRAMA

**Diagrama 1.** Relación de áreas ........................................................................ 92
**Diagrama 2** Relación de áreas ........................¡Error! Marcador no definido.
**Diagrama 3.** Distribución de máquinas en el área de procesos ..................... 98
**Diagrama 4.** Puntos de equilibrio proyectados ............................................ 125
**Diagrama 5.** Flujos netos actualizados con y sin financiamiento ................ 132
**Diagrama 6.** Organigrama de la empresa ..................................................... 138

## Capítulo I
## Introducción

### 1.1. Introducción

En un mundo cada vez más consciente de la importancia de la sostenibilidad y la eficiencia en la construcción, surge la necesidad de innovar en los materiales utilizados en el sector. Conscientes de esta demanda, presentamos el proyecto de creación de una empresa productora y comercializadora de ladrillos de 6 huecos, ubicada en Santa Cruz, Bolivia.

El presente estudio tiene como objetivo proponer a la industria de la construcción en la región, ofreciendo un producto que combine resistencia, durabilidad y beneficios ambientales.

Este proyecto, está basado en aprovechar las ventajas de los polímeros reforzados con fibra de vidrio, un material ligero, pero altamente resistente, para fabricar ladrillos de calidad superior. Estos ladrillos ofrecen propiedades mecánicas excepcionales, como una mayor resistencia a la compresión, flexibilidad y aislamiento térmico, lo que resulta en estructuras más sólidas y eficientes energéticamente.

### 1.2. Objetivos

#### 1.2.1. Objetivos Generales

Desarrollo de un modelo de negocio para la creación de una empresa, productora y comercializadora de ladrillos de 6 huecos, en la ciudad de Santa Cruz - Bolivia.

#### 1.2.2. Objetivos Específicos

• Realizar un estudio de mercado que permita determinar los clientes y la aceptación del producto.

• Efectuar el estudio de ingeniería, determinando la tecnología a emplear, balance de materia, diagrama de flujo, lay-out, obras civiles, mano de obra, requerimiento de energía y agua.

• Determinar los aspectos técnicos y recursos para el presente estudio técnico y económico.

• Realizar un estudio financiero que permita determinar la rentabilidad del proyecto.

## Capitulo II

## Marco Teórico y Conceptual

### 2.1. Marco Teórico

#### 2.1.1. Materia Prima

##### 2.1.1.1. La arcilla

La arcilla con la que se elabora los ladrillos es un material sedimentario de partículas muy pequeñas de silicatos hidratados de alúmina. Se considera el adobe como el precursor del ladrillo, puesto que se basa en el concepto de utilización de barro arcilloso para la ejecución de muros, aunque el adobe no experimenta los cambios físico-químicos de la cocción. El ladrillo es la versión irreversible del adobe, producto de la cocción a altas temperaturas.

#### 2.1.2. Tipos de Ladrillo

Según su forma, los ladrillos se clasifican en:

- Ladrillo perforado, que son todos aquellos que tienen perforaciones en la tabla que ocupen más del 10% de la superficie de esta. Muy popular para la ejecución de fachadas de ladrillo visto.
- Ladrillo macizo, aquellos con menos de un 10% de perforaciones
- Algunos modelos presentan rebajes en dichas tablas y en las testas para ejecución de muros sin llagas.

#### 2.1.3. Usos

Los ladrillos son utilizados en construcción en cerramientos, fachadas y particiones. Se utiliza principalmente para construir muros o tabiques. Aunque se pueden colocar a hueso, lo habitual es que se reciban con mortero. La disposición de los ladrillos en el muro se conoce como aparejo, existiendo gran variedad de ellos.

## 2.1.4. Insumos y Materiales

Los insumos, son aquellos elementos que serán clave en el proceso de producción del producto, siendo este parte esencial para la elaboración del producto final, los cuales se detallan a continuación:

a) **Aditivos:** Son materiales adicionados principalmente para mejorar la reología de las suspensiones acuosas; pueden ser inorgánicos u orgánicos, y se introducen en la pasta en cantidades muy pequeñas.

b) **Desgrasantes o áridos:** Este grupo de materias primas está constituido por los materiales más refractarios, carentes de plasticidad, siendo su papel principal actuar como esqueleto, armazón o soporte de la forma cerámica, pues, aunque algunos materiales se ablanden para obtener un determinado grado de vitrificación, la forma que se imprime a los materiales cerámicos en crudo ha de sostenerse hasta el final del proceso, aunque con cierta variación de la escala de tamaño.

c) **La arena de cuarzo ($SiO_2$) o anhídrido silícico:** que puede encontrarse en la propia arcilla o ser añadido. Dentro de las propiedades características de esta materia prima se encuentra su aumento de volumen con el incremento de la temperatura, fenómeno que se traduce en una reducción de la contracción de la pasta; es de anotar que se debe tener cuidado con esta característica pues un calentamiento brusco generaría una expansión violenta que podría romper la pieza.

d) **El feldespato potásico:** da transparencia a las porcelanas y lozas y es también usado en la fabricación de esmaltes.

e) **La chamota o barro cocido:** Material pulverizado procedente de las piezas rotas o defectuosas; se añade a las arcillas y no se contrae al volverse a cocer. Este material es el ideal pues aporta las siguientes ventajas:
   - Reduce las contracciones por secado y por cocción, disminuyendo las tensiones internas y el riesgo de grietas y fisuras.
   - Mejora la resistencia mecánica del cuerpo cerámico crudo.
   - Mejora la facilidad de drenaje de las moléculas de agua en el proceso de secado previniendo las fracturas.
   - Mejora la resistencia al choque térmico.

Con el propósito de atenuar un posible exceso de plasticidad, se podrían utilizar ciertos granulados orgánicos, subproductos agrícolas o forestales, tales como: serrín de madera, cascarillas de cereales (las de arroz son además ricas en sílice), huesos de aceituna, cáscara de nuez o de almendra, triturados, etc.

f) **Fundentes:** Reducen la temperatura de cocción bajando el punto de fusión de la pasta (cocción a menor temperatura), lo que se traduce en menores costos de fabricación y permite la parcial vitrificación de las piezas. Los más usados son:

g) **Carbonato cálcico:** Frecuentemente vienen incorporados en la arcilla como impurezas; el aporte calizo es perjudicial para la pieza y conviene reducirlo o molerlo finamente.

h) **Feldespato potásico:** Da transparencia a las porcelanas y lozas y sirve también para fabricar esmaltes cerámicos.

i) **Feldespatos:** Los feldespatos son silicoaluminatos de potasio, sodio, calcio o bario.

El objetivo fundamental de los feldespatos en las pastas cerámicas es el de rebajar el punto de fusión, lo que es de máxima importancia, tanto desde el punto de vista técnico como económico, produciendo las reacciones fundamentales para la constitución del producto cerámico a una temperatura más baja.

## 2.2. Marco Conceptual

### 2.2.1. Proveedores

A continuación, se detallan aquellos proveedores que ayudaran en cuanto al abastecimiento de materia prima, insumos y materiales para el proceso y desarrollo del Ladrillo de 6 huecos que fueron mencionados con anterioridad:

a) **Ariserv-Aridos y Servicios S.R.L**

Extracción de materiales de playa y de cantera, sin trituración, clasificación, transporte y comercialización, fabricación de productos secundarios con base en áridos para asfalto y hormigón importación, exportación de maquinaria, equipo, repuestos y seos a la actividad minera y de minería, construcción y refacción de terraplenes y pedraplenes.

### b) Durex Importadora - Resinas y fibra de Vidrio

Importadora y distribuidora de materia prima resinas fibra de vidrio pigmentos gelcoat dióxido de tantalio hilo roving monómero desmoldante peróxido meck cobalto talco tiza aerosil poliuretanos DMA resina cristal cera glases bombas y accesorios hidromasaje.

### c) APLITEK S.R.L

Empresa APLITEK S.R.L brinda aditivos para Hormigón, líder en comercialización y distribución de productos impermeabilizantes, llegando a cualquier lugar que haya clientes que puedan obtener nuestros productos y servicios con la necesaria calidad humana y profesional.

### d) Refrigeración Friocruz S.R.L

Soldaduras y Fundentes de plata Harris Americanos, Antorchas y tubos Map gas.

Distribuidores oficiales de la marca HARRIS, cuentan con gran variedad de soldaduras de plata de diferentes contenidos plata (hasta el 56% de plata), fundentes en polvo y pasta, soldaduras con fundente incluido.

Cuenta también con variedad de antorchas para soldar y tubos de Map gas (propano) americanos.

## Capitulo III

## Marco Práctico

El presente proyecto es un estudio de Prefactibilidad, en el cual se desarrollaron los siguientes puntos:

- Se efectuó el estudio de la materia prima e insumos, aprovisionamiento de la materia prima (Arcilla) e insumos.
- Se realizó el estudio de mercado.
- Se determinó el tamaño y localización de la planta de producción.
- Se detalla la selección de la tecnología y requerimientos de maquinarias y en especial del número de hornos.
- Determinación de la inversión fija, diferida y de capital de trabajo.
- Análisis de ingresos y egresos.
- Se determinó la estructura de financiamiento.
- Evaluación económica del proyecto.
- Análisis de impacto ambiental.
- Se estableció la Organización de la Empresa.

### 3.1. Estudio del Mercado

Las nuevas políticas de vivienda de interés social han implicado significativos cambios en los papeles de los sectores público y privado. El sector privado ha tomado la principal responsabilidad en la construcción de viviendas de interés social, y también ha proporcionado crédito hipotecario a su financiamiento en condiciones de mercado. Por su parte, los hogares de menores ingresos han aportado ahorros al financiamiento de sus viviendas y también lotes de terrenos, materiales de construcción y mano de obra

### 3.1.1. Antecedentes

Estudios calculan que en el mundo mil millones de personas se alojan en viviendas inadecuadas, mientras que unos 100 millones carecen por completo de hogar. La realidad no podía ser distinta en Bolivia, porque de los 9 millones de habitantes, 3.870.000 (43%) no tiene acceso a vivienda propia.

Según el censo de Población y Vivienda 2001 del Instituto Nacional de Estadística (INE), en cuanto a la calidad de vivienda, el 43% carecen de condiciones mínimas de habitabilidad, así el 21% tiene techo de paja, caña, palma y barro.

Del total de viviendas, el 81% es de tipo casa, choza o pahuichi, el 14% son cuartos o habitaciones, sueltas y sólo del 5% son departamentos. El 37% de las viviendas no tiene agua por cañería, el 44% no tiene luz eléctrica y el 37% no cuenta con baño ni letrina. Más del 55% de la población no tienen título de propiedad (papeles al día) de su vivienda, vive en la ilegalidad.

### 3.1.2. Características geométricas

La N.B. 1211001 da la siguiente definición: "Elemento de construcción, generalmente con forma de paralelepípedo, fabricado de arcilla cocida, que posee huecos prismáticos o cilíndricos, cuyas características mecánicas y físicas son las especificadas en esta norma". Ver Anexo 1

**Imagen 1**
*Forma de ladrillo de cerámica de 6 huecos, NB 121001*

NOTA: *Se muestra la forma de ladrillo de cerámica de 6 hueco. Derechos de autor INE. Censo 2012.*

### 3.2. Demanda de Ladrillos en Santa Cruz

La demanda de ladrillos en la ciudad de Santa Cruz está dada por las empresas constructoras, ferreterías y personas en general que efectúan la construcción de una vivienda nueva o remodelación. Es decir, la demanda para ladrillos se divide en dos segmentos, el segmento de la construcción, los metros cuadrados por construir, y el otro segmento lo compone los metros cuadrados ya construidos que son remodeladas o ampliadas.

El mercado para el proyecto se centrará en el área urbana de la ciudad de Santa Cruz, donde se puede apreciar que existen 3.158.691 viviendas, de las cuales el 99,24 % son viviendas particulares y el 0,76 % son viviendas colectivas, datos que reporta el INE como resultado del censo del año 2012.

### 3.2.1. Análisis histórico de la demanda

Para fines del empadronamiento, en el Censo Nacional de Población y Vivienda (CNPV 2012), define como vivienda a todo local o recinto estructuralmente separado e independiente construido, convertido o dispuesto para fines de alojamiento permanente o temporal de una o más personas. La vivienda debe tener acceso directo desde espacios públicos (plazas, calles, avenidas y otros) o desde espacios de uso común (pasillos, patios, escaleras), sin atravesar otra vivienda.

**Tabla 1**
*Número de viviendas por tipo en Bolivia*

| Censo | Total | Tipo de vivienda Particular | Colectiva |
|---|---|---|---|
| 1992 | 1.701.142 | 1.692.567 | 8.575 |
| 2001 | 2.270.731 | 2.258.162 | 12.569 |
| 2012 | 3.158.691 | 3.134.613 | 24.078 |

NOTA: *Números de viviendas por tipo en Bolivia según el Instituto Nacional de Estadística Censo 2012.*

Las viviendas se clasifican, según su tipo, en particulares y colectivas; las viviendas particulares, según su condición de ocupación, se clasifican en ocupadas y desocupadas y, por último, las viviendas particulares ocupadas se clasifican en viviendas con ocupantes presentes y viviendas con ocupantes temporalmente ausentes en el momento del Censo. (INE. Censo 2012)

Vivienda particular. Es aquella destinada como alojamiento permanente o temporal de una persona o grupo de personas, con o sin vínculo familiar, que viven bajo un régimen familiar y comparten habitualmente sus comidas.

Vivienda colectiva. Es aquella destinada como alojamiento permanente o temporal de un grupo de personas sin vínculos familiares, que hacen vida en común por razones de disciplina, enseñanza, religión, salud, trabajo u otro motivo. Son viviendas colectivas los hospitales, asilos, orfelinatos, internados, cárceles, cuarteles, hoteles, y otras.

**Tabla 2**
*Viviendas por censo y por departamento*

| Dpto. | Viviendas Censo 2001 | Tipo de vivienda Particular | Per cápita Colectiva | Población Hab/Casa | Viviendas Censo 2012 | Tipo de vivienda Censo 2012 | Percapita Particular | Colectiva | Hab/Casa |
|---|---|---|---|---|---|---|---|---|---|
| Chuquisaca | 140.646 | 139.700 | 946 | 3,78 | 576.153 | 177.767 | 176.180 | 1.587 | 3,24 |
| La Paz | 716.169 | 712.963 | 3.206 | 3,28 | 2.706.351 | 935.514 | 930.689 | 4.825 | 2,89 |
| Cochabamba | 416.766 | 414.622 | 2.144 | 3,49 | 1.758.143 | 594.689 | 591.552 | 3.137 | 2,96 |
| Oruro | 127.715 | 127.184 | 531 | 3,07 | 494.178 | 186.168 | 185.292 | 876 | 2,65 |
| Potosí | 219.947 | 219.090 | 857 | 3,22 | 823.517 | 278.739 | 277.354 | 1.385 | 2,95 |
| Tarija | 97.866 | 97.061 | 805 | 4,00 | 482.196 | 145.320 | 143.694 | 1.626 | 3,32 |
| Santa Cruz | 468.619 | 465.485 | 3.134 | 4,33 | 2.655.084 | 709.629 | 700.652 | 8.977 | 3,74 |
| Beni | 70.472 | 69.740 | 732 | 5,14 | 421.196 | 102.661 | 101.387 | 1.274 | 4,10 |
| Pando | 11.991 | 11.777 | 214 | 4,38 | 110.436 | 28.204 | 27.813 | 391 | 3,92 |
| Total | 2.270.191 | 2.257.622 | 12.569 | | 10.027.254 | 3.158.691 | 3.134.613 | 24.078 | |

NOTA: *Se muestra la cantidad por departamento según el Instituto Nacional de Estadística*

El crecimiento poblacional registrado en los censos del 2001 al 2012 permite apreciar un crecimiento en los departamentos de La Paz, Santa Cruz y Cochabamba, cabe destacar que el Departamento de Tarija tubo una actividad económica principal de los hidrocarburos ha denotado un crecimiento importante en este periodo.

La elevada presión demográfica que se ha ido presentando en la ciudad, producto de la alta migración, ha originado la aparición de manchas urbanas desordenadas y dispersas. En la imagen siguiente se puede observar el descontrolado crecimiento de la mancha urbana desde el año 1888 hasta el año 2012.

**Imagen 2**
*Crecimiento de la mancha urbana de Santa Cruz de la Sierra*

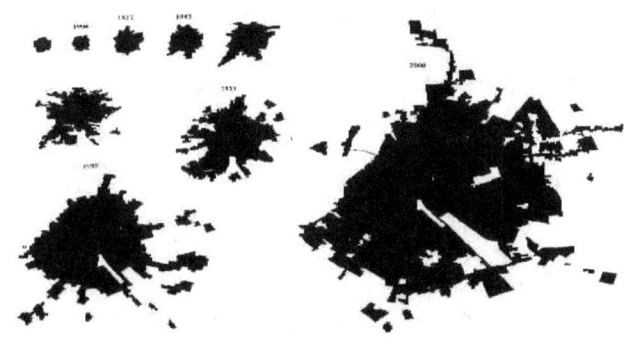

NOTA: *Se muestra el crecimiento de la mancha urbana de Santa Cruz de la Sierra. CORDECRUZ, Gobierno Municipal, CRE, OTPR y otros Elaboración: V. H. Limpias, 2001. "Santa Cruz de la Sierra: Arquitectura y Urbanismo"*

En la tabla 3 se detalla los datos de viviendas registrados en los últimos cuatro censos efectuados.

**Tabla 3**
*Datos censales de viviendas en el Dpto. De Santa Cruz*

| Censo | Viviendas Total | Crecimiento Inter censos | Tasa de crecimiento | | |
|---|---|---|---|---|---|
| | | | Anual | Inter censos | % Anual |
| 1976 | 143.156 | | | | |
| 1992 | 303.198 | 160.042 | 10.003 | 52,78% | 3,30% |
| 2001 | 468.619 | 165.421 | 18.380 | 35,30% | 3,92% |
| 2012 | 709.629 | 241.010 | 21.910 | 33,96% | 3,09% |

NOTA: *Se muestra datos INE. Censo 2012.*

Según el informe del INE del año 2007, los análisis comparativos de los censos de 2001 a 2012, detalla que las viviendas particulares en Santa Cruz, utilizaban como material predominante en paredes, el ladrillo; en techos, tejas y en pisos, el cemento del total de viviendas particulares de Santa Cruz, 59,88% utilizó ladrillo, bloque de cemento u hormigón como materiales de construcción para las paredes, de acuerdo a datos del censo de 2001, en tanto que el año 2012, estos materiales fueron utilizados por 73,42% de las viviendas particulares; es decir, en el período intercensal 2001-2012, se registró incremento de 13,54 % en el uso de esos materiales.

En 2001, del total de viviendas particulares, 18,24% utilizó adobe con y sin revoque, o tapial en las paredes, en tanto que en 2012 el uso de esos materiales alcanzó a 9,68% de las viviendas, lo que implica disminución de 8,56 % en el período intercensal 2001 a 2012.

En cuanto al uso de materiales en las paredes de las viviendas particulares, en 2001, 8,73% del total de viviendas utilizó madera, en tanto que en 2012 este porcentaje alcanzó a 7,75% de las viviendas; 4,42% empleó caña, palma o troncos en 2001, mientras que en 2012 este porcentaje alcanzó a 1,63%. En 1992, 8,32% de las viviendas particulares utilizó otros materiales en sus paredes, nivel que alcanzaba a 0,92% en 2001. Finalmente, en 1992, del total de inmuebles, 0,41% utilizó piedra en sus paredes, en tanto que en 2001 este porcentaje alcanzó a 0,22% de viviendas.

El material predominante en los techos en las viviendas particulares en 2001 era tejas de cemento o arcilla 60,80%, en 2012 este material predominó en los techos de 61,38% viviendas, esto significó aumento de 0,59 % en el uso de ese material en el período intercensal 2001-2012. (INE. Censo 2012.)

**Gráfico 1.**
*Forma de Tenencia de viviendas particulares, censos 2001-2012*

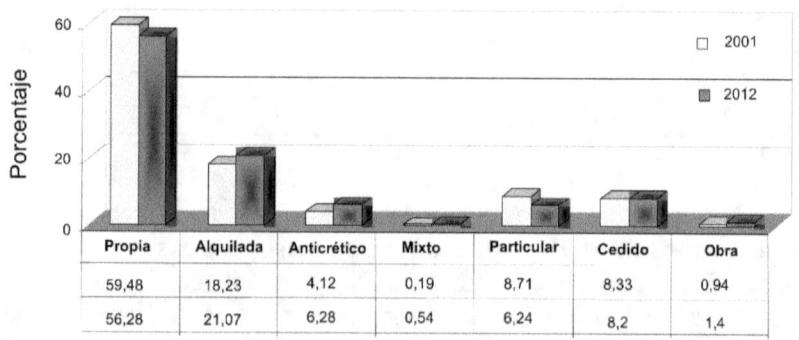

NOTA: *El grafico representa la forma de Tenencia de viviendas particulares por: INE. Censo 2012.*

Como material de construcción en los techos, se utilizó Calamina o plancha 20,58% de viviendas en 2001 y 23,21% este mismo material en 2012, lo que significa el incremento de 2,63 % respecto al año 2012. La paja, caña o palma como material de construcción en los techos de 12,45% de las viviendas en 2001 y 2,28 % menos en 2012.

### 3.2.2. Demanda futura de ladrillos en Santa Cruz

Sin lugar a duda encontrar una relación que permita estimar la demanda estaría en función al crecimiento demográfico de la población y de las viviendas que se incorporen al catastro, sin embargo, se tiene que la incidencia de otras variables tenga un efecto correlativo en el uso de ladrillos en las nuevas construcciones y de las ya existentes que es muy difícil de cuantificar. Se efectúa un análisis de los datos registrados de los últimos cuatro censos realizados en Bolivia.

**Tabla 4**
*Datos censales de población y viviendas en el Dpto. De Santa Cruz*

| Censo | Viviendas Total | Población Total | Per cápita Hab/vivienda | Tasas de Poblacional | Crecimiento Viviendas |
|---|---|---|---|---|---|
| 1976 | 143.156 | 710.724 | 4,96 | | |
| 1992 | 303.198 | 1.364.389 | 4,5 | 2,99% | 3,30% |
| 2001 | 468.619 | 2.029.471 | 4,33 | 3,64% | 3,92% |
| 2012 | 709.629 | 2.655.084 | 3,74 | 2,14% | 3,09% |

NOTA: *Se muestra datos censales de población y vivienda en el Dpto. De Santa Cruz del INE.*

Como se aprecia la tasa de crecimiento poblacional de 2,14 % de la población denota una disminución con relación a las tasas anteriores, lo que denota que no es confiable este valor, de forma similar se tiene una tasa de 3,09 % de crecimiento de las viviendas que tiene una incidencia en el per cápita de 4 habitantes ocupando una vivienda.

**Gráfico 2**
*Crecimiento poblacional y de viviendas (Censos 1976- 2012)*

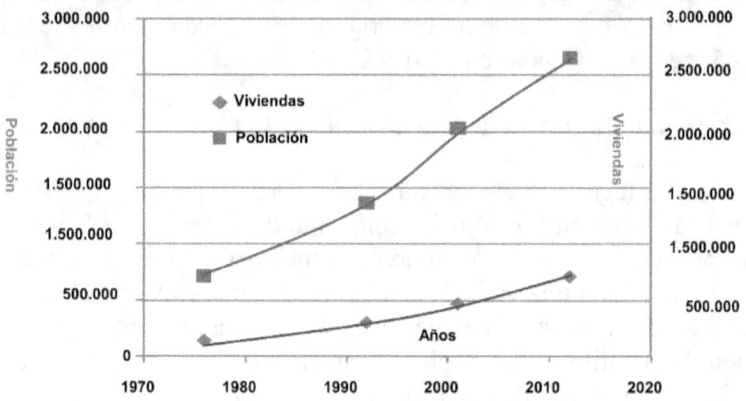

NOTA: *Representación gráfica del crecimiento poblacional y de viviendas en base a Tabla 4*

En la tabla 4 se detalla los datos registros de viviendas en la cual se detalla las tasas de crecimientos de un censo a otro y se determina el crecimiento anual como se detalla en el siguiente análisis de los dos últimos censos.

**Ecuación 1.**
*% de Incremento intercensal*

$$\% \text{ de crecimiento intercensal } = \frac{(709.629 - 468.619)}{709.629} = 33,96\,\%$$

El 33,96 % del crecimiento registrado entre los censos del 2012 y 2001 que comprende 11 años da un crecimiento por año de 3,09 %.

$$\% \text{ de crecimiento anual } = \frac{33,96}{11} = 3,09\,\%$$

El Instituto Nacional de Estadística, determina la tasa de incremento anual de viviendas según la fórmula:

**Ecuación 2**
*Determinación de tasas de incremento anual de viviendas*

$$V_n = V_i \times (1 + r)^n$$

Se opta por r = 5 % considerando un 1 % de error del último censo; porcentaje con el cual se estima el incremento del N° de viviendas en el Dpto. de Santa Cruz para los años siguientes.

Una vez determinada la cantidad de viviendas que utilizan materiales en su construcción en el departamento de Santa Cruz; se procederá a determinar la demanda de ladrillos de seis huecos, tomando en cuenta la siguiente consideración:

Se tomó como base la vivienda prototipo presentada en la revista "El Constructor" para la determinación del material a utilizar en una vivienda económica debido a que ésta se ajusta a las viviendas tipos en el departamento de

Santa Cruz según el Instituto Nacional de Estadística está detalla que en la cual se precisan 9.000 unidades ladrillos de seis huecos.

Con la consideración anteriormente citada se determinó la demanda de ladrillos de seis huecos para la construcción de las nuevas viviendas estimadas en el departamento de Santa Cruz hasta el año 2028.

La demanda futura está relacionada al crecimiento poblacional y de viviendas en la ciudad de Santa Cruz, y fundamentalmente del poder adquisitivo de la población, para fines de cálculo se considera la ecuación predictiva obtenida anteriormente y se efectúa la proyección hasta el año 2028. En la última columna se detalle el equivalente de m2 en unidades de millar de ladrillos de 6 huecos y de ladrillo adobito más otros.

*Tabla 4.*
Demanda proyectada de viviendas y ladrillos de 6 huecos

| AÑO | DEMANDA ESTIMADA | | |
|---|---|---|---|
| | VIVIENDAS | LADRILLOS | LADRILLOS 6 HUECOS |
| 2021 | 30.830 | 277.466.132 | 152.606.373 |
| 2022 | 32.371 | 291.339.439 | 160.236.691 |
| 2023 | 33.990 | 305.906.411 | 168.248.526 |
| 2024 | 35.689 | 321.201.731 | 176.660.952 |
| 2025 | 37.474 | 337.261.818 | 185.494.000 |
| 2026 | 39.347 | 354.124.909 | 194.768.700 |
| 2027 | 41.315 | 371.831.154 | 204.507.135 |
| 2028 | 43.380 | 390.422.712 | 214.732.492 |

NOTA: *se muestra la demanda estimada en base a la tabla 4 y ecuación predictiva*

Como aprecia en la imagen 3, se ha determinado el área ocupada por 1 m2 (1,06 m x 0,94 m), considerando un espesor de 2 cm por la masa ocupada para la unión de ladrillos.

**Imagen 3**
*Área construida con ladrillo de 6 huecos*

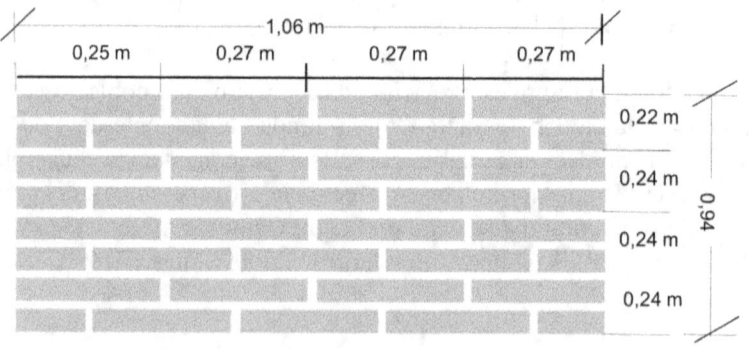

NOTA: *Se muestra el área construida de ladrillos de 6 huecos*

Largo         : 1,06 m
Altura        : 0,94 m
Área          : 1,06 x 0,94 = 0,9964 m2
N.º Ladrillos : 32

Concluyendo que 32 ladrillos cubren 1 m2 de una pared.

De forma análoga se ha determinado el número de ladrillos que tiene 1 m2 de ladrillo adobito (1,06 m x 0,96 m), imagen 3.

El ladrillo adobito tiene 5 cm de altura, es decir la mitad de un ladrillo de 6 huecos determinándose que 56 ladrillos cubren un área construida de 1 m2.

Largo        : 1,06 m
Altura       : 0,96 m
Área         : 1,06 x 0,96 = 1,.0176 m2
N.º Ladrillos : 56

En base a las encuestas en el presente estudio se ha determinado el 55 % de aceptación de uso del ladrillo de 6 huecos, el 40 % del ladrillo adobito y el 5 % de otros ladrillos.

Otros materiales: aquellos no incluidos en las categorías anteriores tales como: cartón, latas, material de desecho, tela (carpas) y otros.

**Imagen 4.**
Area construida con ladrillo adobito

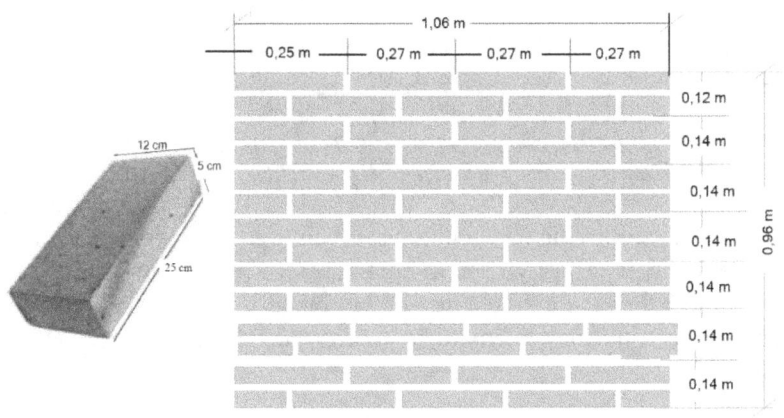

NOTA: *Elaboración propia en base a las dimensiones del ladrillo adobito*

## 3.3. Oferta de Ladrillos en Santa Cruz

En el departamento de Santa Cruz existen varias empresas dedicadas a la producción de Cerámica roja; con producción tanto de tejas como de ladrillos. En la tabla siguiente se detalla la capacidad instalada de las empresas en el año 2020.

En la tabla 7, se detalla la oferta histórica de ladrillos, cuyos datos fueron proporcionados de la estadística que dispone la secretaría de la Cámara de la Construcción de Santa Cruz. Datos muy importantes para efectuar la proyección futura y establecer el balance Demanda-Oferta.

**Tabla 5**
*Capacidad instalada de producción de ladrillos de cerámicas de Santa Cruz*

| INDUSTRIA | PRODUCCIÓN DE UNIDADES DE LADRILLOS | | |
|---|---|---|---|
| | MES | AÑO | DÍA |
| CERÁMICA NORTE | 3.000.000 | 36.000.000 | 100.000 |
| CERÁMICA PICER | 2.000.000 | 24.000.000 | 66.667 |
| CERÁMICA SANTA CRUZ | 2.400.000 | 28.800.000 | 80.000 |
| INCERPAZ | 2.200.000 | 26.400.000 | 73.333 |
| OLLITAS DE ANGEL | 500.000 | 6.000.000 | 16.667 |
| CERÁMICA SANZUR | 1.000.000 | 12.000.000 | 33.333 |
| CERÁMICA BRASIL | 1.200.000 | 14.400.000 | 40.000 |
| INCERSAN | 500.000 | 6.000.000 | 16.667 |
| MARGLA | 900.000 | 10.800.000 | 30.000 |
| CERÁMICA WARNES | 800.000 | 9.600.000 | 26.667 |
| OTROS | 800.000 | 9.600.000 | 26.667 |
| Total | 15.300.000 | 183.600.000 | 510.000 |

NOTA: *Se muestra la capacidad instalada de producción de ladrillos de cerámicas de Santa Cruz por: Cámara de la construcción (CADECOCRUZ). Enero 2022*

Como se aprecia en la tabla 7 el crecimiento registrado en el año 2022 fue de 3,38 % cuyo valor contrasta con el crecimiento de la demanda de 3,09 % anual obtenido de la tabla 2 y de 3,83 obtenido por la ecuación exponencial. (Cámara de la construcción (CADECOCRUZ). Enero 2022

**Tabla 6.**
*Oferta histórica de ladrillos periodo 2012-2022*

| AÑO | UNIDADES LADRILLOS | PORCENTAJE CRECIMIENTO | CAP. ANUAL UNIDADES |
|---|---|---|---|
| 2012 | 61.289.864 | | 183.600.000 |
| 2013 | 81.574.917 | 24,87% | 183.600.000 |
| 2014 | 96.626.849 | 15,58% | 183.600.000 |
| 2015 | 118.482.113 | 18,45% | 183.600.000 |
| 2016 | 111.714.837 | -6,06% | 183.600.000 |
| 2017 | 140.346.774 | 20,40% | 183.600.000 |
| 2018 | 151.572.410 | 7,41% | 183.600.000 |
| 2019 | 163.487.610 | 7,29% | 183.600.000 |
| 2020 | 176.220.983 | 7,23% | 183.600.000 |
| 2021 | 186.180.000 | 5,35% | 183.600.000 |
| 2022 | 192.696.300 | 3,38% | 183.600.000 |

NOTA: *Se muestra datos de la oferta histórica de ladrillos periodo 2012-2022 por: Cámara de la construcción (CADECOCRUZ). Enero 2023*

Como se aprecia en la gráfica implicaría que la capacidad instalada de las fábricas ladrillo habrían superado su capacidad instalada en el año 2023. Si bien no se tiene datos de información primaria, a inicios del 2002 muchas de las empresas ya instaladas efectuaron mejoras y ampliaciones de sus sistemas de producción.

**Gráfico 3.**
*Datos históricos (2012-2022)*

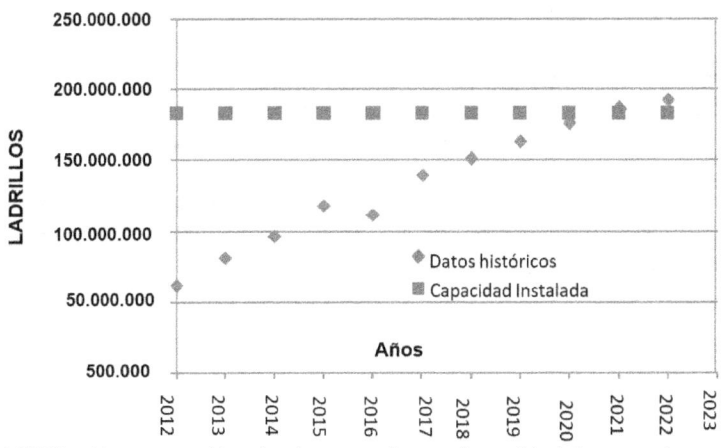

NOTA: *Representación de datos mediante datos históricos en base a ecuación predictiva. Fuente: Elaboración propia en base a ecuación predictiva*

### 3.3.1. Oferta proyectada de Ladrillos en Santa Cruz

Para efectuar la oferta proyectada se ha considerado las probabilidades en porcentajes probables de crecimientos de 3,5 %, 4,5 % y de 5,5% basados en los datos históricos (2012-2022) de la tabla 7, en la cual no se considera la capacidad instalada por la dificultad de obtener datos de información primaria y además de considerar inversiones efectuadas por las empresas existentes en la optimización y ampliación de las líneas de producción y el surgimiento posible de nuevas empresas de producción de materiales de construcción.

**Tabla 7**
*Oferta proyectada de ladrillos por empresas en Santa Cruz expresados en unidades de ladrillos*

| AÑO | UNIDADES DE LADRILLOS PROYECTADOS | | |
|---|---|---|---|
| | 3,50% | 4,50% | 5,50% |
| 2020 | 213.645.832 | 219.898.490 | 226.271.968 |
| 2021 | 221.123.436 | 229.793.922 | 238.716.927 |
| 2022 | 228.862.757 | 240.134.649 | 251.846.357 |
| 2023 | 236.872.953 | 250.940.708 | 265.697.907 |
| 2024 | 245.163.507 | 262.233.040 | 280.311.292 |
| 2025 | 253.744.229 | 274.033.526 | 295.728.413 |
| 2026 | 262.625.277 | 286.365.035 | 311.993.476 |
| 2027 | 271.817.162 | 299.251.462 | 329.153.117 |
| 2028 | 281.330.763 | 312.717.777 | 347.256.538 |

NOTA: *Se muestra la oferta proyectada de ladrillos por empresas en Santa Cruz expresados en unidades de ladrillos en base a ecuación predictiva*

Se considera que la oferta proyectada está relacionada a la demanda futura y a la capacidad de inversión que los empresarios dedicados a este rubro efectúen en proyectos de ampliación de sus líneas de producción.

La proyección probabilística se puede apreciar de mejor forma en la gráfica 3 basada de las tablas 5, 6 y 7.

Proyecciones que se consideran que puedan ajustarse a los sucesos de desarrollo de la población del departamento de Santa Cruz y que está relacionado a la capacidad adquisitiva de la población y desarrollo económico futuro que pueda registrarse en el departamento de Santa Cruz.

**Gráfico 4.**
*Proyección de la oferta de ladrillos (2023-2028)*

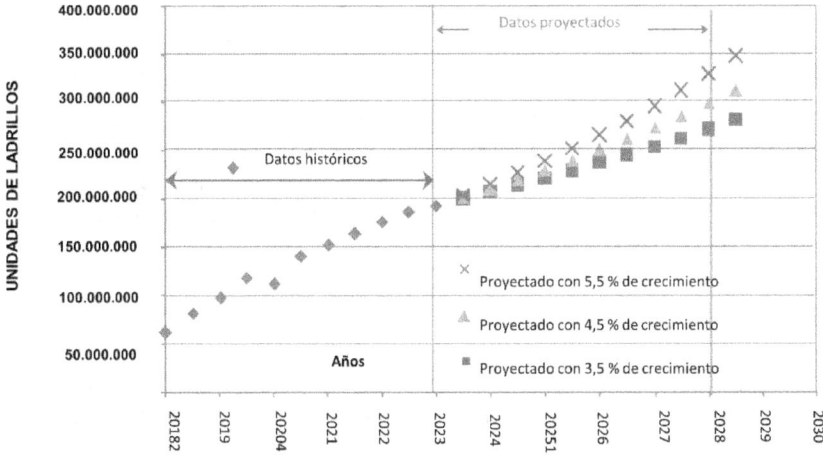

NOTA: *Representación gráfica de las proyecciones de ladrillos (2023-2028)*

a) **Oferta de INCERCRUZ LTDA.**
La "Industria de Cerámicas Cruceña "INCERCRUZ LTDA." Se encuentra ubicada en el Km 37 al norte de la ciudad de Santa Cruz de la Sierra, sobre la carretera Warnes-Montero.
La fábrica cuenta principalmente con cuatro líneas de producción y una línea de instalada el año 2018.

**Línea 1:** Línea HOFFMAN: Fabricación de teja colonial (TC)

**Línea 2:** Línea Túnel: Fabricación del ladrillo 6 huecos (HER)

**Línea 3:** Línea Rojo: Fabricación de teja colonial (TC). Es una línea exclusivamente para tejas

**Línea 4:** Línea PAVIC: Fabricación del ladrillo PAVIC (Ladrillos para pisos y revestimientos).

**Ladrillo de 6 huecos**

El ladrillo de 6 huecos se obtiene de un proceso previo que se le realiza a la arcilla (materia prima) y consta de las siguientes dimensiones: alto 10 cm, ancho 15 cm, largo 24,5 cm y un peso de 2,5 Kg tiene un rendimiento por m2 de 52 piezas, sometido a temperaturas altas que van desde 200 ° C en la zona de precalentado hasta 946 ° C.

**b) Ladrillo de pisos y revestimientos (PAVIC)**

El ladrillo para pisos y revestimientos se obtiene de un proceso previo que se le realiza a la arcilla, este producto consta de las siguientes dimensiones: alto 7,5 cm, ancho 10 cm, largo 20 cm y un peso de 2,99 Kg, tiene un rendimiento por m2 de 50 piezas y es sometido a temperaturas muy altas que van desde 200 ° C en la zona de precalentado hasta 940 ° C. fábrica cuenta principalmente con cuatro líneas de producción y una nueva línea de reciente instalación.

### 3.3.2. Precios históricos del ladrillo en santa cruz

En la siguiente tabla se puede apreciar la variación que se ha registrado en el precio del millar de ladrillos a partir del año 2018 al 2023.

**Tabla 8.**
*Precios históricos en Santa Cruz*

| MES | 2018 | 2019 | 2020 | 2021 | 2022 | 2023 |
|---|---|---|---|---|---|---|
| MARZO | 600 | 797,5 | 1.212,50 | 1.075,00 | 1.100,00 | 1.082,00 |
| JUNIO | 625 | 800 | 1.182,00 | 1.025,00 | 1.025,00 | 1.035,00 |
| SEPTIEMBRE | 637,5 | 845 | 1.225,00 | 1.075,00 | 1.040,00 | 1.300,00 |
| PROMEDIO | 620,83 | 814,17 | 1.206,50 | 1.058,33 | 1.055,00 | 1.139,00 |

NOTA: *Cámara de la construcción (CADECOCRUZ). Enero 2023*

En la siguiente grafica se puede apreciar la tendencia creciente del precio del millar de ladrillos denotando que el mayor precio alcanzado fue registrado en el año 2023.

**Gráfico 5.**
*Datos históricos de precios del ladrillo*

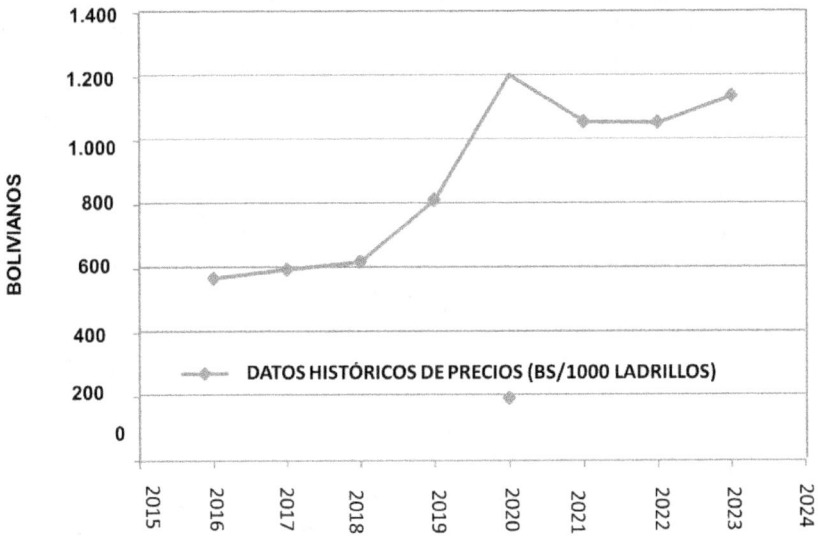

NOTA: *Se muestra la representación gráfica de datos históricos de precios del ladrillo en base a la tabla 9*

Efectuar una proyección de precios a partir de los datos históricos por medio de los modelos predictivos cuantitativos como se aprecia en la gráfica en este caso sería emplear la ecuación Polinómica de 4to grado, sin embargo, esta curva presenta 4 puntos de inflexión que denotaría obtener valores predictivos expresada a partir del último dato (2023).

Por lo que se considera que los métodos cualitativos podrían ser más probables, por lo que deberá considerarse que podría haber variaciones en el precio de la materia prima (arcilla), como los precios de los combustibles (leña, gas y otros combustibles empleados).

Sin embargo, ante variaciones de precio, el análisis de sensibilidad permite predecir los efectos de estas variables, en el precio futuro.

### 3.3.3. Productos sustitutos

Es importante tener en cuenta que los siguientes productos tiene sus propias características y aplicaciones específicas. La elección del sustituto adecuado dependerá de los requisitos del proyecto, el presupuesto disponible y las necesidades estructurales y de aislamiento.

- a) **Ladrillos tradicionales de arcilla o cemento:** Los ladrillos convencionales fabricados con arcilla o cemento son los productos más comunes y ampliamente utilizados en la construcción. Aunque no tienen las mismas propiedades específicas de los ladrillos de polímeros reforzados con fibra de vidrio, pueden ser una alternativa económica.
- b) **Bloques de hormigón:** Los bloques de hormigón son una opción popular en la construcción debido a su resistencia y durabilidad. Estos bloques se fabrican mediante la mezcla de cemento, arena, agregados y agua, y pueden utilizarse para construir muros y paredes.
- c) **Paneles de hormigón prefabricados:** Los paneles de hormigón prefabricados son elementos estructurales que se fabrican en fábricas y se transportan al lugar de construcción para su instalación. Estos paneles pueden tener cavidades internas para mejorar el aislamiento térmico y reducir el peso.
- d) **Paneles de yeso:** Los paneles de yeso, también conocidos como placas de yeso o drywall, son utilizados ampliamente en la construcción interior. Están compuestos por una capa de yeso entre dos capas de cartón, ofreciendo una opción ligera y fácil de instalar para la construcción de paredes interiores.
- e) **Paneles estructurales de polímeros reforzados con fibra de vidrio:** Si estás buscando la combinación de polímeros reforzados con fibra de vidrio, pero en un formato diferente al de los ladrillos, los paneles estructurales podrían ser una opción. Estos paneles se utilizan para construir paredes y techos, ofreciendo propiedades de resistencia y aislamiento similares.

### 3.4. Segmento de Clientes

### 3.4.1. Cálculo del tamaño de la muestra

Determinada la unidad de estudio en el muestreo, se procedió a calcular el tamaño de la muestra en base al tamaño de la población antes definida, lo cual permite obtener una muestra precisa para llevar a cabo la investigación.

Se utilizó para el cálculo de la muestra, la siguiente fórmula para población finita:

**Ecuación 3.**
*Cálculo del tamaño de la muestra*

$$n = \frac{Z^2 \times N \times P \times Q}{e^2(N-1) + Z^2 \times P \times Q}$$

Con un coeficiente de fiabilidad del 95%. El proceso de obtención de la formula se efectuó tomando en cuenta las representaciones de las siguientes variables:

e = Error del muestreo que el investigador acepta. Para este caso; el margen de error aceptable para la investigación es de 0,05.

p = Probabilidad asociada a ocurrencia con el valor de 0,50 %.

q = Probabilidad asociada a la no ocurrencia es de 0,50 %.

n = Tamaño de la muestra.

Z = Confiabilidad previa que se desea para la muestra. Se decidió fijarla igual a 1,96 equivalente a una confianza del 95%.

N = Población en estudio 994

$$n = \frac{1,96^2 \times 994 \times 0,5 \times 0,5}{0,05^2(994-1) + 1,96^2 \times 0,5 \times 0,5}$$

n = 277

La aplicación de la encuesta se desarrolló a las empresas constructoras y a los constructores independientes que son todos ellos los que requieren materiales de construcción.

### 3.4.2. Resultado de las encuestas

Una vez aplicados los instrumentos de recolección de información, se procedió a realizar el tratamiento correspondiente a la información, para el análisis de esta de forma ordenada, mediante la tabulación de las encuestas aplicadas a los clientes que son las constructoras, estableciendo porcentajes estadísticos, los cuales ayuden a apreciar de una mejor manera los resultados obtenidos, los mismos que indicaran la factibilidad de la nueva empresa.

Luego de haber procesado la información, obtenida en las encuestas aplicadas a los clientes que son las constructoras, los resultados son los siguientes:

**Pregunta 1.**

**Gráfico 6.**
*Tipo de empresa al que pertenece*

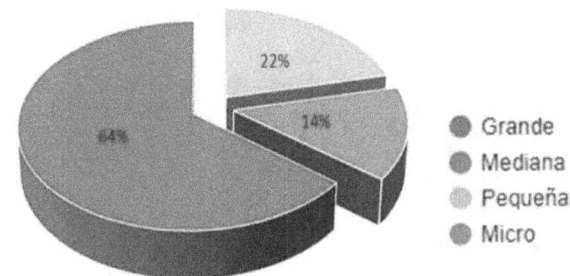

**Interpretación**

Del 100% de las constructoras que fueron encuestadas, el 64,3% son de tipo mediana, el 21,4% son de tipo pequeña y el resto con el 14,3% son de tipo micro.

**Pregunta 2.**

**Gráfico 7.**
*Tiene preferencia en ladrillos de 6 huecos*

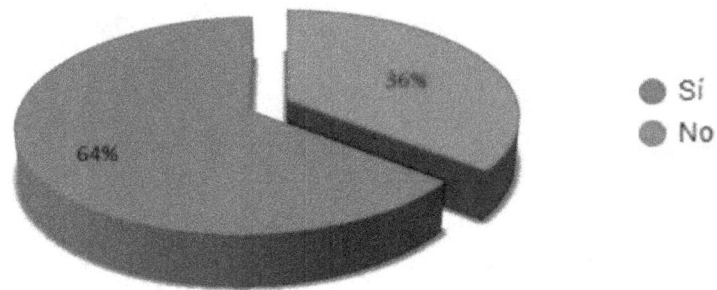

**Interpretación**

Del 100% de las constructoras encuestadas, el 64,3% afirman que utilizaron ladrillos de 6 huecos, y el resto con 35,7% utilizan otros tipos de ladrillos

**Pregunta 3.**

**Gráfico 8.**
*Tendencia de Uso de Ladrillos Convencionales en Proyectos de Construcción*

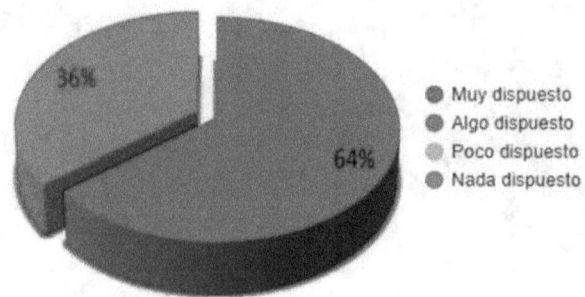

**Interpretación**

De los 100% de las contracturas encuestadas, el 64,3% afirman que esté considerando seguir usando los ladrillos convencionales en sus proyectos de construcción, lo que el resto con un 35,7% respondió que sí están muy dispuestos a considerar el producto.

**Pregunta 4.**

**Gráfico 9.**
*Características consideradas mayor importante en un ladrillo*

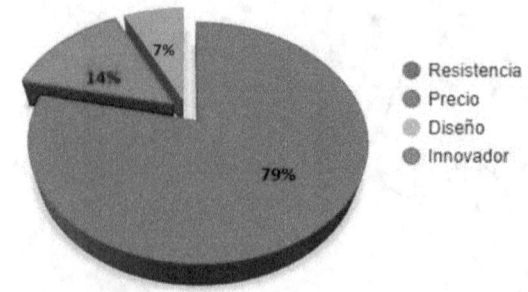

**Interpretación**

Del 100% de las constructoras encuestadas, el 78,6% indican que la resistencia es una de las características de mayor importancia, el 14,3%

considera que es algo innovador y el resto con un 7,1% considera de mayor importancia el diseño.

**Pregunta 5.**

**Gráfico 10.**
*Preferencia de Compra de Ladrillos de Cerámica*

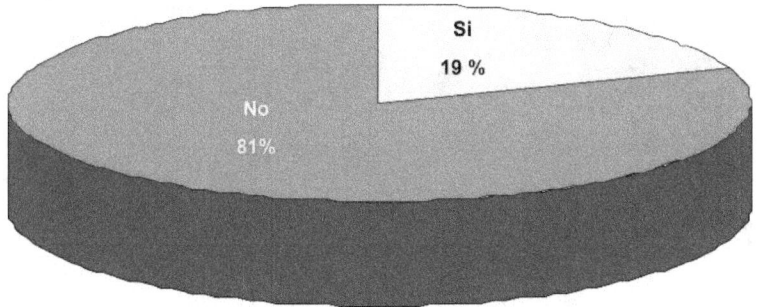

**Interpretación**

Del gráfico precedente se puede observar que los compradores de ladrillos de cerámica no tienen un lugar preferente para comprar dichos productos.

**Tabla 9**
*Preferencia de compra de ladrillos de cerámica*

| Adquiere ladrillos | Porcentaje | Frecuencia |
|---|---|---|
| Si | 19,00% | 53 |
| No | 81,00% | 224 |
| **Total** | **100,00%** | **277** |

NOTA: *Se muestra el lugar de frecuencia al realizar compras de ladrillos de cerámica*

**Pregunta 6.**

**Gráfico 11.**
*Aspectos por considerar para la mejora de estos productos*

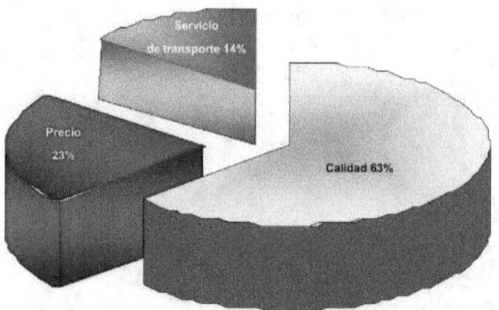

**Interpretación**

Muchos de los encuestados coinciden que un aspecto que se deben mejorar es la calidad, ya que así lo demuestra un 63% de las encuestas seguida con el precio del producto con 23%, y finalmente un 14% que sugiere que lo que debe mejorar el servicio de transporte.

**Tabla 10**
*Aspectos por considerar para la mejora de estos productos*

| Conformidad | Porcentaje | Frecuencia |
|---|---|---|
| Servicio de transporte | 14,00% | 39 |
| Calidad | 63,00% | 175 |
| Precio | 23,00% | 64 |
| **Total** | **100,00%** | **277** |

NOTA: *se muestra los aspectos a considerar para la mejora de estos productos.*

**Pregunta 7.**

**Gráfico 12.**
*Cantidad disponible para pagar*

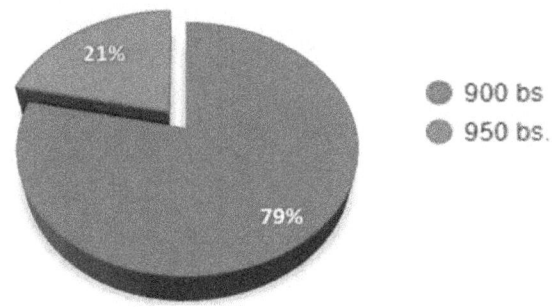

**Interpretación**

El 78,6% de las constructoras encuestadas, están dispuestos a pagar el precio de 900 Bs, por la cantidad de 1000 ladrillos y el resto con un 21,4% índica que están dispuestos a pagar el precio de 950 Bs.

**Pregunta 8.**

**Gráfico 13.**
*Frecuencia de uso de ladrillos de 6 huecos convencionales*

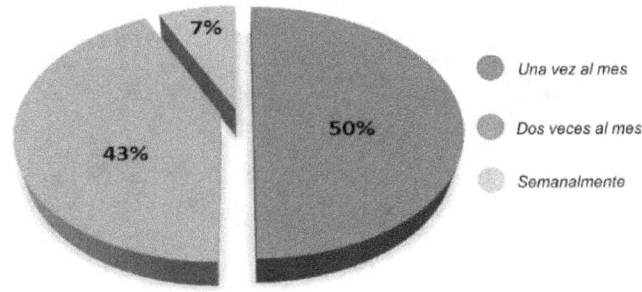

**Interpretación**

Del 100% de las constructoras encuestadas, el 50% nos dicen que la frecuencia de la compra de ladrillos de 6 huecos convencionales es dos veces al mes, el 42,9% nos dice la frecuencia es semanalmente y el resto con un 7,1% es de dos veces al mes.

**Pregunta 9.**

**Cantidad aproximada de uso de ladrillos de 6 huecos que usan o comercializan**

A continuación, se detalla los resultados de esta pregunta.

$$\begin{array}{r} 10\,000 \\ 15\,000 \\ 9\,000 \\ 2\,500 \\ 50\,000 \\ 25\,000 \end{array}$$

**Interpretación**

La cantidad aproximada estimada como mínimo son de 2500 ladrillos o más, y la cantidad aproximada estimada como máximo son de 20000 a 50000 ladrillos o más.

**Pregunta 10.**

**Gráfico 14.**
*Lugar de compra de ladrillo*

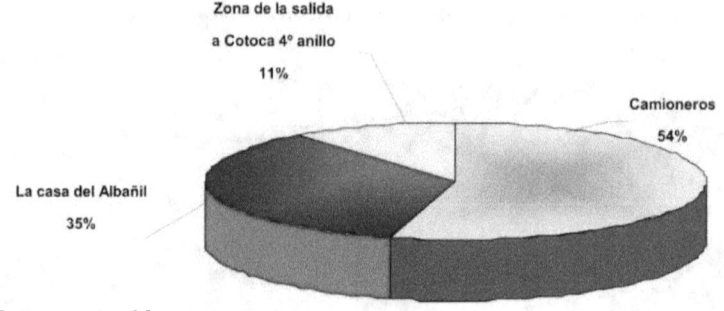

**Interpretación**

Como se puede apreciar en el gráfico de los consumidores compran de los camioneros situados en varios puntos de la ciudad, seguidos de "La casa del albañil" y la salida a Cotoca 4to anillo.

**Pregunta 12.**

**Sugerencia o comentario**

        Ninguna      Ninguno      Es algo innovador

**Interpretación**

        Estos fueron algunos comentarios, el cual nos dicen que es algo innovador.

### 3.5. Balance demanda-oferta de ladrillos de cerámica

        Se establece el balance de la demanda y oferta de ladrillos proyectados de acuerdo con la demanda y oferta expresados de ladrillos totales estimándose en base al estudio de mercado que el 55 % de los ladrillos usados en la construcción son preferentemente de 6 huecos y el 45 % corresponde al empleo de ladrillo adobito.

        El balance demanda –oferta estimada basada en las ofertas probables con la demanda proyectada considerando una tasa de crecimiento de viviendas de 4 % por año.

**Tabla 11**
*Proyectadas probables de ladrillos de 6 huecos*

| AÑO | UNIDADES DE LADRILLOS TOTALES PROYECTADOS | | | UNIDADES DE LADRILLOS DE 6 HUECOS | | |
|---|---|---|---|---|---|---|
| | 3,50% | 4,50% | 5,50% | 3,50% | 4,50% | 5,50% |
| 2018 | 199.440.671 | 201.367.634 | 203.294.597 | 109.692.369 | 110.752.198 | 111.812.028 |
| 2019 | 206.421.094 | 210.429.177 | 214.475.799 | 113.531.602 | 115.736.047 | 117.961.690 |
| 2020 | 213.645.832 | 219.898.490 | 226.271.968 | 117.505.208 | 120.944.169 | 124.449.583 |
| 2021 | 221.123.436 | 229.793.922 | 238.716.927 | 121.617.890 | 126.386.657 | 131.294.310 |
| 2022 | 228.862.757 | 240.134.649 | 251.846.357 | 125.874.516 | 132.074.057 | 138.515.497 |
| 2023 | 236.872.953 | 250.940.708 | 265.697.907 | 130.280.124 | 138.017.389 | 146.133.849 |
| 2024 | 245.163.507 | 262.233.040 | 280.311.292 | 134.839.929 | 144.228.172 | 154.171.211 |
| 2025 | 253.744.229 | 274.033.526 | 295.728.413 | 139.559.326 | 150.718.439 | 162.650.627 |
| 2026 | 262.625.277 | 286.365.035 | 311.993.476 | 144.443.902 | 157.500.769 | 171.596.412 |
| 2027 | 271.817.162 | 299.251.462 | 329.153.117 | 149.499.439 | 164.588.304 | 181.034.214 |
| 2028 | 281.330.763 | 312.717.777 | 347.256.538 | 154.731.919 | 171.994.778 | 190.991.096 |

*NOTA: Se demuestra a las ofertas proyectadas probables de ladrillos de Huecos*

Como se aprecia en la tabla 12 se tendría demanda insatisfecha si el crecimiento de la oferta fuese de 3,5 % anual en los años proyectados del 2023 al 2028, y si el crecimiento de la oferta fuese de 4,5 % se tendría demanda insatisfecha entre los años 2023 al 2028 y no se tendría demanda insatisfecha si la tasa de crecimiento por las empresas en su oferta fuese de 5,5 %.

Como se aprecia en la siguiente gráfica por año, la demanda estimada considerando un crecimiento de 4 % por año estaría rebasada a partir el año 2021 si la oferta tuviese un crecimiento de 4,5 % por las fábricas de materiales de construcción.

**Gráfico 15**
*Demanda y oferta proyectada (2023-2028)*

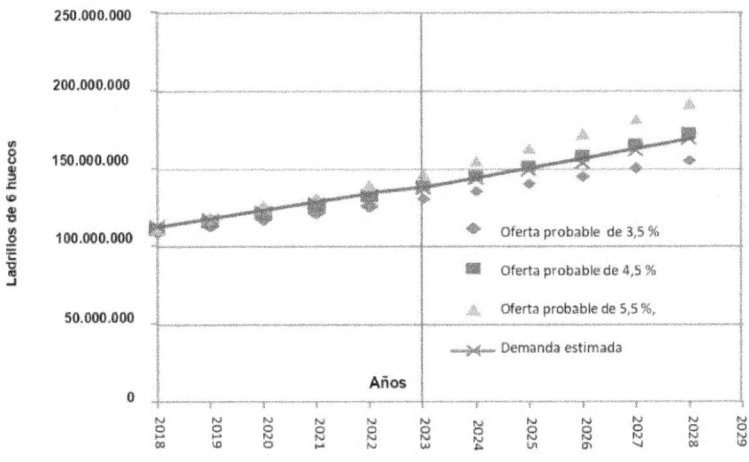

### 3.5.1. Comercialización de Ladrillos en Santa Cruz

La forma en que se comercializan ladrillos es simple y se da a través de una fluida comunicación entre el fabricante y agencias de ventas; en este sentido los departamentos de venta de las fábricas cumplen un papel importante pues sus representantes efectúan visitas a sus centros de distribución y ventas, para abastecer y establecer la logística de distribución de sus productos y temas relacionadas con el precio, forma de pago, tiempo de entrega, etc.

**Gráfico 16.**
*Sistema de comercialización de ladrillos*

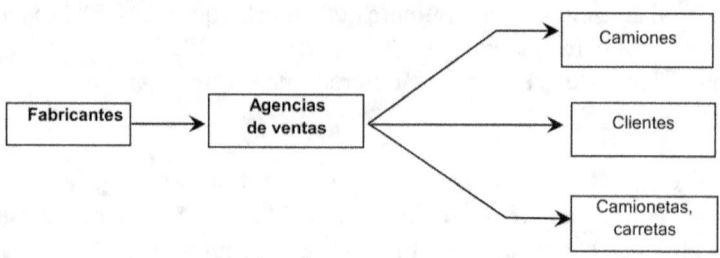

## 3.6. Localización

En todo proceso de transformación es importante determinar la manera más económica de obtener la materia prima e insumos necesarios para producir y los materiales para embarcar los productos finales al cliente.

La planta de producción de ladrillos está ubicada cerca de un suministro abundante de arcilla, es obtenido fácilmente y transportado mediante volquetas de 12 cubos, existen carreteras con las condiciones necesarias para ello, al igual que para los clientes mayoristas que compran los ladrillos puestos en la fábrica.

**Imagen 5.**
*Área de ubicación de la planta*

Se eligió el cantón TUNDY, comunidad La Peña, es un buen lugar de amplio espacio para instalar ahí la empresa ladrillera debido a sus cercanías de la extracción de la materia prima principal la arcilla, también debido a que existen muchos productores de arcilla en la zona, las calles y avenidas están completamente pavimentadas para movilidades de alto tonelaje, esto quiere decir que desde el lugar donde va a ser instalada la empresa hasta la ciudad de Santa Cruz se demora 50 minutos.

Para la selección de esta instalación de la empresa se han tomado en cuenta las siguientes variables:

- Localización de la materia prima, por su cercanía
- Localización de la mano de obra, comunarios de la zona
- Carreteras vías de comunicación, calles y carreteras totalmente pavimentadas
- Facilidad de comercialización, fácil acceso para el cliente desde la ciudad o poblaciones aledañas hacían la ladrillera
- Muy buena distancia y localización de fácil acceso
- Costo de la materia prima muy accesible y a bajo costos
- Servicios básicos
- Posibilidades de echar desechos
- No existe mucha competencia en la zona
- Proximidad al centro de salud
- Costos de terreno
- Superficie disponible del terreno
- Proximidad de vías de comunicación
- Estabilidad de terreno
- Solidificación industrial

Estas son una de las variables muy importantes que se tomaron en cuenta para la instalación de la planta ladrillera debido a sus grandes beneficios que obtendrá la planta.

**Tabla 12**
*Marco localización*

| Macro localización |
|---|
| Localización de materia prima |
| Localización del mercado |
| Localización de la mano de obra |
| Carretera y vías de comunicación |
| Facilidad de comercialización |
| Disposición de combustible |
| Condiciones de vida |

NOTA: *Se visualiza las variables sobre la macro localización de un proyecto.*

**Macro localización** de materia prima localización del mercado localización de la mano de obra Carretera y vías de comunicación Facilidad de comercialización Disposición de combustible políticas de combustible Condiciones de vida.

**Tabla 13.**
*Micro Localización*

| Micro localización |
|---|
| Distancia y localización |
| Facilidad de transporte y comunicación |
| Costo de materia prima |
| Servicios básicos |
| Posibilidad de desechar residuos |
| Volumen de venta |
| Proximidad a centros de salud |
| Costo del terreno |
| Competencia, imagen, prestigio |

NOTA: *Se visualiza las variables mas importantes sobre la macro localización de un proyecto.*

### 3.7. Tamaño

El tamaño de producción es aquella capacidad de producir de una empresa productiva.

La presente tabla muestra la capacidad reproducir el máximo nivel de unidad o toneladas de ladrillo, por lo que el factor de producción puede tener un limitante debido a la capacidad de producir la cocción del horno, para la consiguiente se recomendable saber la capacidad de producción del horno.

Para esto se ha tomado en cuenta al horno Cedan que tiene una capacidad productiva de 237.000 unidades al mes, dicho horno tiene unas dimensiones de 500 m2.

**Tabla 14.**
*Mercado meta producción proyectada*

| Año | Demanda de ladrillos de 6 H | | % de la Demanda | Oferta Proyecto | % Demanda | Millar Ladrillo | Tn/año Ladrillo |
|---|---|---|---|---|---|---|---|
| | Total | Insatisfecha | | | | | |
| 2022 | 125.549.641 | 8.044.433 | 6,41% | 11.464.438 | 9,13% | 11.464 | 33.247 |
| 2023 | 131.827.123 | 10.209.233 | 7,74% | 13.161.865 | 9,98% | 13.162 | 38.169 |
| 2024 | 138.418.479 | 12.543.963 | 9,06% | 14.780.432 | 10,68% | 14.780 | 42.863 |
| 2025 | 138.418.479 | 8.138.354 | 5,88% | 16.317.378 | 11,79% | 16.317 | 47.320 |
| 2026 | 145.339.403 | 10.499.474 | 7,22% | 17.769.847 | 12,23% | 17.770 | 51.533 |
| 2027 | 152.606.373 | 13.047.047 | 8,55% | 19.134.881 | 12,54% | 19.135 | 55.491 |
| 2028 | 160.236.691 | 15.792.789 | 9,86% | 20.409.421 | 12,74% | 20.409 | 59.187 |
| 2029 | 168.248.526 | 18.749.087 | 11,14% | 21.590.300 | 12,83% | 21.590 | 62.612 |
| 2030 | 176.660.952 | 21.929.033 | 12,41% | 22.674.238 | 12,83% | 22.674 | 65.755 |
| 2031 | 185.494.000 | 25.346.463 | 13,66% | 23.657.844 | 12,75% | 23.658 | 68.608 |
| 2032 | 194.768.700 | 29.016.000 | 14,90% | 24.537.605 | 12,60% | 24.538 | 71.159 |

NOTA: *Se muestra datos de mercado meta producción proyectada*

**Gráfico 17.**
*Demanda total y oferta proyectada producto y demanda insatisfecha en unidades de ladrillo (2023-2032)*

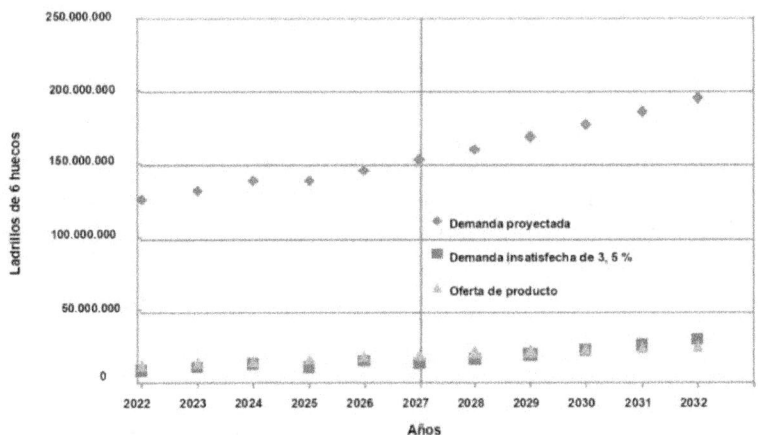

NOTA: *Representación gráfica de ladrillos de 6 huecos en base a la tabla 13*

### 3.8. Ingeniería del Proyecto

#### 3.8.1. Definición del producto

El producto por producir en el presente proyecto es de ladrillo de arcilla de 6 huecos, cuyas características se detallan en la siguiente imagen.

**Imagen 6.**
*Características del ladrillo de 6 huecos*

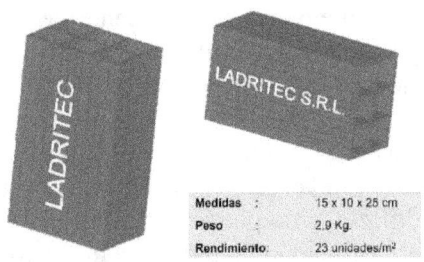

NOTA: *Se muestra las características de Cerámica Margla*

### 3.9. Descripción del Proceso de Producción

### 3.9.1. Preparación de la arcilla

La preparación de la arcilla incluye la selección, trituración, cernido y proporciona miento, antes de que el material sea mezclado, humedecido y atemperado.

La trituración es necesaria pues la arcilla seca usualmente forma terrones duros es común machacarla manualmente, sin embargo, se han desarrollado máquinas trituradoras simples intensivas en mano de obra, de igual forma la materia prima es descargada en un molino laminador de martillo. Este molino desintegra la materia prima en partes finísimas convirtiendo la masa granulada en una materia prima físicamente homogénea.

El cernido es necesario para retirar todas las partículas más grandes de 5 mm.

Proporciona miento es requerido si la distribución granulométrica o el contenido de arcilla es insatisfactorio.

### 3.9.2. Trituración

El proceso de trituración es la primera etapa en la fabricación de ladrillos de 6. En esta fase, se seleccionan y trituran las materias primas necesarias para obtener una mezcla adecuada que permita la formación de los ladrillos.

Las materias primas utilizadas comúnmente incluyen arcilla, arena, agua y aditivos específicos para mejorar las propiedades de los ladrillos. Además, en este caso, se agregan fibras de vidrio o carbono para reforzar la estructura del ladrillo y mejorar su resistencia.

El primer paso es la selección de las materias primas de calidad. Se busca obtener arcilla de buena calidad con las características adecuadas para la fabricación de ladrillos, como plasticidad y capacidad de retención de agua. La arena seleccionada también debe cumplir con los estándares de calidad para garantizar un resultado final óptimo.

Una vez seleccionadas las materias primas, se lleva a cabo el proceso de trituración. Para ello, se utilizan equipos especializados como trituradoras de mandíbulas, molinos de rodillos o molinos de martillos. Estos equipos reducen el tamaño de las materias primas, desintegrándolas en partículas más pequeñas y uniformes.

El objetivo de la trituración es obtener una mezcla homogénea de las materias primas, lo que facilitará los pasos posteriores del proceso de fabricación. Al reducir el tamaño de las partículas, se aumenta la superficie de contacto entre los diferentes componentes, lo que favorece la mezcla y la interacción de los materiales durante el proceso de amasado.

La trituración también ayuda a garantizar que las fibras de vidrio o carbono se distribuyan de manera uniforme en la mezcla. Estas fibras refuerzan los ladrillos y mejoran sus propiedades mecánicas, como la resistencia a la tensión y la durabilidad.

Una vez completado el proceso de trituración, se obtiene una mezcla de materiales pulverizados. Esta mezcla se someterá a pasos posteriores, como la molienda y el amasado, para lograr una pasta moldeable que pueda ser extruida y luego cocida para formar los ladrillos de 6 huecos con fibra de vidrio o carbono.

### 3.9.3. Molienda

La molienda es una etapa fundamental en el proceso de fabricación de ladrillos de 6 huecos. Después de la trituración inicial de las materias primas, se realiza la molienda para obtener una mezcla fina y uniforme que facilitará el siguiente paso del proceso.

Una vez que las materias primas han sido trituradas y reducidas a partículas de tamaño adecuado, se procede a la molienda. El objetivo principal de este proceso es refinar aún más la mezcla y reducir el tamaño de las partículas para lograr una distribución más uniforme de los componentes.

Para llevar a cabo la molienda, se utilizan diversos equipos, como molinos de bolas, molinos de rodillos o molinos de martillos, dependiendo de la escala de producción y de las características específicas de los materiales utilizados.

Estos equipos aplican fuerza y fricción para romper las partículas y reducirlas a un tamaño más fino.

Durante el proceso de molienda, se controla cuidadosamente el tiempo y la intensidad de la molienda para evitar la generación de calor excesivo, lo cual podría afectar negativamente las propiedades de los materiales. También se puede agregar agua o aditivos durante la molienda para mejorar la plasticidad y facilitar la formación de una mezcla cohesiva.

La molienda tiene varios efectos beneficiosos en la mezcla. En primer lugar, reduce el tamaño de las partículas, lo que aumenta la superficie de contacto entre los componentes. Esto favorece la mezcla y la interacción de los materiales durante los siguientes pasos del proceso de fabricación.

Además, la molienda ayuda a obtener una distribución más uniforme de los componentes, incluyendo las fibras de vidrio o carbono. Esto es esencial para garantizar que las fibras se dispersen de manera homogénea en toda la mezcla, lo que mejora la resistencia y las propiedades mecánicas de los ladrillos.

Otro beneficio de la molienda es que permite ajustar la granulometría de la mezcla. Dependiendo de los requisitos específicos de los ladrillos y del proceso de fabricación, se pueden obtener diferentes tamaños de partículas mediante la regulación de la molienda. Esto ayuda a optimizar la compacidad y la densidad de los ladrillos durante la cocción.

Una vez completado el proceso de molienda, se obtiene una mezcla finamente molida, lista para ser amasada y luego sometida a los pasos posteriores del proceso de fabricación, como la extrusión, el secado y la cocción.

**3.9.4. Amasado**

El amasado es una etapa esencial en el proceso de fabricación de ladrillos de 6 huecos. En esta fase, se mezclan los materiales triturados y molidos con agua y otros aditivos para obtener una pasta moldeable y maleable que se utilizará para dar forma a los ladrillos.

Después de la molienda, los materiales triturados se transfieren a una mezcladora adecuada para el amasado. En esta etapa, se agrega agua en la cantidad precisa para lograr una mezcla con la consistencia adecuada. El agua actúa como agente de unión, facilitando la cohesión de los materiales y permitiendo la formación de una masa homogénea.

Durante el amasado, los materiales se mezclan de manera intensiva para lograr una distribución uniforme de los componentes en toda la mezcla. Esto garantiza que las fibras de vidrio o carbono se dispersen de manera homogénea en la pasta, mejorando las propiedades mecánicas y la resistencia del ladrillo.

Además, en esta etapa, se pueden agregar aditivos especiales según los requisitos del proceso y las propiedades finales deseadas para los ladrillos. Estos aditivos pueden incluir estabilizadores, plastificantes, retardantes de fraguado, entre otros, que mejoran las características de la mezcla y facilitan su manipulación y moldeado.

El amasado se lleva a cabo mediante máquinas mezcladoras equipadas con paletas o brazos rotatorios que aseguran una mezcla uniforme y homogénea. Estas máquinas permiten controlar el tiempo y la intensidad del amasado, asegurando que todos los materiales estén completamente integrados.

Durante el proceso de amasado, se presta atención a la consistencia de la mezcla. Se busca obtener una pasta con la plasticidad adecuada, lo que significa que sea lo suficientemente maleable para ser moldeada, pero que también retenga su forma y no sea excesivamente pegajosa. La consistencia óptima varía según los requisitos específicos de los ladrillos y el proceso de fabricación.

Una vez completado el amasado, se obtiene una masa uniforme y cohesiva lista para el siguiente paso del proceso, que es la extrusión. La mezcla se alimenta desde la mezcladora a la máquina extrusora, donde se dará forma a los ladrillos con los huecos deseados.

### 3.9.5. Extrusado

El proceso de extrusión es una etapa crucial en la fabricación de ladrillos de 6 huecos. En esta fase, la masa de mezcla obtenida del proceso de amasado se alimenta a través de una máquina extrusora para dar forma a los ladrillos con los huecos deseados.

La máquina extrusora consiste en un cilindro metálico con una boquilla de salida y un sistema de tornillo sin fin en su interior. La masa de mezcla se introduce en el cilindro, donde el tornillo sin fin la empuja hacia la boquilla, aplicando presión y forzando su salida en forma continua.

A medida que la masa de mezcla pasa a través de la boquilla, adquiere la forma y dimensiones de los ladrillos de 6 huecos. La boquilla tiene una configuración específica que permite crear los huecos en los ladrillos durante el proceso de extrusión.

La presión aplicada durante la extrusión comprime y compacta la masa de mezcla, eliminando el exceso de aire y asegurando que los ladrillos tengan una estructura homogénea y densa. Además, la presión ayuda a que los ladrillos adquieran una forma precisa y definida, manteniendo una buena consistencia.

Una vez que la masa de mezcla ha sido extruida a través de la boquilla, los ladrillos resultantes se cortan en longitudes específicas utilizando una herramienta de corte. La longitud de corte puede variar según los requisitos del diseño y las dimensiones de los ladrillos.

Es importante tener en cuenta que, durante el proceso de extrusión, se pueden aplicar técnicas adicionales para personalizar los ladrillos. Por ejemplo, se pueden agregar texturas o patrones en la superficie de los ladrillos para mejorar su apariencia estética.

Después de la extrusión, los ladrillos con los huecos adecuados están listos para ser sometidos a los siguientes pasos del proceso de fabricación, que incluyen el secado, la cocción, la selección y el empaque.

### 3.9.6. Secado

El secado es una etapa crítica en el proceso de fabricación de ladrillos de 6 huecos. Después de la extrusión, los ladrillos recién formados contienen una cantidad significativa de humedad, y es necesario eliminarla para lograr una mayor resistencia y estabilidad dimensional.

El secado se lleva a cabo en áreas específicas, como cámaras de secado o secaderos, donde se controlan las condiciones de temperatura y humedad para acelerar la eliminación del agua de los ladrillos. Dependiendo del tamaño y la configuración del secadero, se pueden utilizar métodos de secado natural o artificial.

En el secado natural, los ladrillos se colocan en estanterías o carros abiertos en áreas bien ventiladas. El aire circula alrededor de los ladrillos, permitiendo que la humedad se evapore gradualmente. Este proceso puede llevar varios días o semanas, dependiendo de las condiciones ambientales.

En el secado artificial, se utilizan equipos como túneles de secado o cámaras de secado controladas. Estos espacios están equipados con sistemas de circulación de aire y control de temperatura y humedad. El aire caliente se introduce en el área de secado para acelerar el proceso de evaporación del agua de los ladrillos.

Durante el secado, es esencial controlar cuidadosamente la velocidad y la uniformidad del proceso para evitar problemas como la formación de grietas o deformaciones en los ladrillos. El secado demasiado rápido puede generar tensiones internas en la estructura de los ladrillos, lo que puede afectar negativamente su resistencia y durabilidad.

Es importante destacar que, durante el secado, se debe tener precaución especial al utilizar ladrillos. Estos materiales pueden ser sensibles a las altas temperaturas, por lo que es necesario controlar la temperatura de secado para evitar daños en las fibras.

Una vez que los ladrillos han sido completamente secados, su contenido de humedad se reduce significativamente, lo que aumenta su resistencia y estabilidad. Los ladrillos secos están listos para ser sometidos al siguiente paso del proceso de fabricación, que es la cocción.

### 3.9.7. Cocción

La cocción es una etapa fundamental en el proceso de fabricación de ladrillos de 6 huecos. Esta fase implica someter los ladrillos secos a altas temperaturas en un horno para lograr la consolidación de los materiales y la obtención de las propiedades deseadas.

El horno utilizado en la cocción de los ladrillos es conocido como horno de cocción o de quemado. Estos hornos están diseñados para soportar temperaturas extremadamente altas y proporcionar un ambiente controlado en el que se producirá la reacción química necesaria para endurecer los ladrillos.

El proceso de cocción consta de tres etapas principales: calentamiento, retención y enfriamiento. A continuación, se detalla cada una de ellas:

Calentamiento: En esta etapa, los ladrillos se colocan en el horno y se someten gradualmente a un aumento de temperatura. El calentamiento se realiza lentamente para evitar cambios bruscos que puedan provocar daños en los ladrillos. Durante esta fase, se eliminan las últimas trazas de humedad restantes en los ladrillos.

Retención: Una vez que se alcanza la temperatura máxima requerida, los ladrillos se mantienen a esa temperatura durante un período de tiempo específico. Esta etapa se conoce como retención y permite que las reacciones químicas se completen y que los ladrillos adquieran sus propiedades finales.

Durante la retención, los ladrillos se consolidan y se vuelven más resistentes. Los minerales arcillosos experimentan cambios en su estructura cristalina y se forman enlaces químicos más fuertes, lo que aumenta la resistencia del ladrillo.

Enfriamiento: Una vez finalizada la etapa de retención, se inicia el proceso de enfriamiento. Los ladrillos se dejan enfriar gradualmente en el horno para evitar cambios bruscos de temperatura que puedan provocar grietas o deformaciones en los ladrillos. El enfriamiento lento permite que la estructura del ladrillo se estabilice y se vuelva más resistente.

El tiempo de cocción y las temperaturas utilizadas en este proceso varían según el tipo de ladrillo, las propiedades deseadas y las especificaciones del fabricante. La cocción generalmente se lleva a cabo a temperaturas que oscilan entre los 900 °C y los 1.200 °C, y puede durar varias horas. (Ing. Cristhian Carrasco. Octubre 2004.)

### 3.9.8. Selección

El proceso de selección es una etapa importante en la fabricación de ladrillos de 6 huecos con fibra de vidrio o carbono. Después de la cocción y el enfriamiento de los ladrillos, se realiza una inspección y clasificación para asegurarse de que cumplan con los estándares de calidad y especificaciones requeridos.

Durante el proceso de selección, se examinan individualmente los ladrillos para identificar posibles defectos, grietas, deformaciones o irregularidades en su forma. Se busca asegurar que los ladrillos cumplan con los estándares de calidad establecidos y estén listos para su uso en aplicaciones constructivas.

Los ladrillos que no cumplen con los requisitos de calidad pueden ser rechazados y separados para su posterior reciclaje o reutilización en otros procesos de fabricación. Es fundamental realizar una selección rigurosa para garantizar que solo los ladrillos de calidad óptima sean enviados al empaque y posterior distribución.

Además de la inspección visual, es posible realizar pruebas adicionales en los ladrillos seleccionados para evaluar sus propiedades físicas y mecánicas, como la resistencia a la compresión. Estas pruebas se realizan utilizando equipos especializados para asegurar que los ladrillos cumplan con los estándares de resistencia requeridos.

Durante el proceso de selección, también se pueden realizar clasificaciones basadas en diferentes criterios, como el tamaño, el color o la textura de los ladrillos. Esto permite agruparlos en lotes o categorías específicas para satisfacer las necesidades y preferencias de los clientes.

Es importante destacar que el proceso de selección puede variar según las políticas y estándares de calidad de cada fabricante de ladrillos. Algunas empresas pueden contar con sistemas automatizados de selección que utilizan tecnología de visión por computadora para detectar y clasificar los ladrillos de manera más eficiente.

Después de completar el proceso de selección, los ladrillos que han sido aprobados y cumplen con los estándares de calidad establecidos están listos para ser empaquetados y enviados a los distribuidores o clientes finales.

### 3.9.9. Empaque

El proceso de empaque es la etapa final en la fabricación de los ladrillos de 6 huecos. Después de pasar por la etapa de selección, los ladrillos de calidad óptima se preparan para su empaquetado y posterior distribución.

En esta fase, los ladrillos se agrupan en paquetes o unidades, dependiendo de los requisitos del mercado y las regulaciones de transporte. Se utilizan equipos de manipulación y transporte, como grúas o carretillas elevadoras, para manejar los ladrillos y colocarlos en el embalaje correspondiente.

El embalaje puede variar según las preferencias del fabricante y los estándares de la industria. Generalmente, los ladrillos se envuelven en una película de plástico o se colocan en cajas de cartón o palets de madera. La finalidad principal del empaque es proteger los ladrillos durante el almacenamiento y el transporte, evitando daños y asegurando que lleguen en condiciones óptimas a su destino final.

Además, en esta etapa también se pueden incluir etiquetas o marcas en los paquetes para identificar el tipo de ladrillo, su resistencia, dimensiones, fecha de fabricación u otra información relevante. Esto facilita el proceso de distribución y ayuda a los usuarios finales a seleccionar los ladrillos adecuados para sus necesidades.

Una vez que los ladrillos se han empaquetado, se almacenan en almacenes o se cargan en camiones o contenedores para su distribución. Es importante asegurar de que los ladrillos estén apilados y asegurados adecuadamente para evitar movimientos y daños durante el transporte.
(CEDAN-CERAMICA DANTS LTDA DE St)

## 3.10. Capacidad de la Planta de Producción

Se determina la capacidad de la planta de producción basado en la demanda insatisfecha determinada en el estudio de mercado de acuerdo con la proyección tanto de la demanda como de la oferta.

**Tabla 15.**
*Planificación de la producción*

| Año | Millar de ladrillos | Tn de ladrillos |
|---|---|---|
| 2023 | 11.464 | 33.247 |
| 2024 | 13.162 | 38.169 |
| 2025 | 14.780 | 42.863 |
| 2026 | 16.317 | 47.320 |
| 2027 | 17.770 | 51.533 |
| 2028 | 19.135 | 55.491 |
| 2029 | 20.409 | 59.187 |
| 2030 | 21.590 | 62.612 |
| 2031 | 22.674 | 65.755 |
| 2032 | 23.658 | 68.608 |
| 2033 | 24.538 | 71.159 |

NOTA: *Planificación de la producción (2023-2033)*

### 3.10.1. Descripción de equipos y maquinarias

A continuación, se detallan los equipos y maquinarias para el proceso de producción de ladrillo.

## Tabla 16.
*Especificaciones técnicas de equipo*

| Cajón alimentador | |
|---|---|
| Modelo | CAS-0806 |
| Producción (Tn/h) | 5 a 15 |
| Potencia indicada (cv) | 3 a 5 |
| Largo (mm) | 5.905 |
| Ancho (mm) | 800 |
| Hileras de ruedas de apoyo | 2 |
| Espesor de la estera | 3/16 (4,76 mm) |
| Peso neto (Kg) | 2.200 |
| **Desintegrador** | |
| Modelo | DES-500 |
| Producción (Tn/h) | 15 a 25 |
| Potencia Instalada (CV) | 10 + 15 |
| Cilindro Liso (mm) | 500 |
| Cilindro desintegrador (mm) | 330 |
| Largo de los Cilindros (mm) | 460 |
| Material de los Cilindros (mm) | Costillada |
| Medidas máximas de entrada de los terrones (mm) | 150 |
| Granulometría máxima de Salida (mm) | 5,0 a 20,0 |
| Rodamientos auto compensados de Rodillos | Sim/Si |
| Peso (Kg) | 760 |
| Volumen (m³) | 6,5 |
| **Hapeadora** | |
| Modelo | MMS-2000 |
| Producción (Tn/h) | 12 a 16 |
| Potencia Instalada (CV) | 20 |
| Dimensiones de la Cuba *¹(mm) | 425 x 500 x 1.970 |
| Peso neto (Kg) | 680 |
| Volumen (m³) | 1,8 |
| **Laminador** | |
| Modelo | LMC-550/602 |
| Producción (Tn/h) | 15 a 25 |
| Potencia Instalada (CV) | 20 + 30 |
| Cilindro (mm) | 600 |
| Largo (mm) | 550 |
| Peso neto (Kg) | 2.950 |
| Volumen (m³) | 5 |
| **Extrusora** | |
| Modelo | MSL-275 |
| Producción (Tn/h) | 6 a 9 |
| Potencia Instalada (CV) | 50 |
| Hélice (mm) | 280 |
| Cantidad de Martillos (pz) | 7 |
| Camisas protectoras | Sim / Si |
| Cañón Bipartido y Articulado | Sim / Si |
| Peso neto (Kg) | 1.450 |
| Volumen (m³) | 3,3 |

**Tabla 17**
*Especificaciones técnicas de equipos (continuación)*

|  | Cortadora |
| --- | --- |
| Modelo | CMS 402/2600 |
| Producción (cortes/h) | 6000 |
| Altura Máxima (mm) | 270 |
| Ancho Máximo (mm) | 400 |
| Largo Máximo (mm) | 600 |
| Largo Mínimo (mm) | 65 |
| Ancho de la correa (mm) | 400 |
| Largo de la correa de entrada (mm) | 720 |
| Largo de la correa de salida (mm) | 720 |
| Cantidad de Alambres (pz) | 2 |
| Tipo del Corte | Vertical/Diagonal |
| Potencia Instalada (CV) | 0,5 / .160 RPM |
| Peso neto (Kg) | 385 |
| Volumen ($m^3$) | 2,2 |

*NOTA:* Se muestra especificaciones técnicas de equipos

### 3.10.2. Diagrama de bloques

El diagrama de bloques es una representación sencilla de un proceso de producción industrial, donde cada bloque representa una operación o una etapa completa del proceso, a continuación, se adjunta el diagrama de bloque en la base a la producción de Ladrillo de 6 huecos.

**Tabla 18.**
*Descripción del proceso en diagrama de bloques*

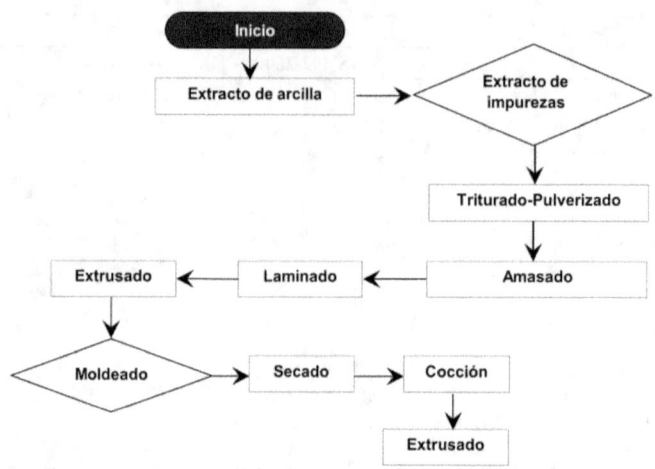

NOTA: *Se muestra la representación gráfica del diagrama de bloques*

### 3.10.3. Balance de materia prima

El análisis del balance de materia prima permite indicar y calcular la cantidad de materia prima que debe comprarse para obtener exactamente la cantidad de producto terminad, a continuación, se detalla a través del siguiente diagrama de bloques, el balance de materia prima para la producción de ladrillos de 6 huecos.

**Tabla 19.**
*Balance de materia pima de los ladrillos Trituración-Molienda*

| Componente | Trituración | | | Molienda | | | |
| | Entrada | Salida | | Entrada | Salida | | |
| | | Molienda | Particulado | | Amasado | | Particulado |
| | Kg | Kg | Kg | Kg | Kg | Kg | Kg |
| Arcilla | 52.523,65 | 52.523,65 | | 52.523,65 | | 52.523,65 | |
| Agua | 14.814,36 | 14.814,36 | | 14.814,36 | | 14.814,36 | |
| Carbón | 0,00 | 0,00 | | 0,00 | | 0,00 | |
| Gases | 0,00 | 0,00 | | 0,00 | | 0,00 | |
| Aire fresco | 0,00 | 0,00 | | 0,00 | | 0,00 | |
| Aire caliente | 0,00 | 0,00 | | 0,00 | | 0,00 | |
| Reciclado | 8.990,00 | 7.009,30 | 1.980,70 | 7.009,30 | 2.262 | 8.670,94 | 600,358 |
| Total | **76.328,0** | 74.347,32 | 1.980,70 | 74.347,32 | 2.262 | **76.008,959** | 600,358 |
| | | | 76.328,02 | | | | 76.609,32 | 76.609,32 |

NOTA: *Datos de balance de materia prima de los ladrillos en la etapa de Trituración-Molienda*

a) **Balance de materia en Amasado y Extrusado**

Se establece el balance de materia para los procesos de amasado y Extrusado siguiendo los parámetros establecidos en el cálculo efectuado por el Grupo de trabajo Convenio UIS-IDEAM.

**Tabla 20**
*Balance de materia en amasado y extrusado*

| Componente | Amasado | | | Extrusado | | | |
|---|---|---|---|---|---|---|---|
| | Entrada | Salida | | Entrada | | Salida | |
| | | Impurezas | | | | Secado | Amasado |
| | Kg | Kg | Kg | Kg | Kg | Kg | Kg |
| Arcilla | 52.523,65 | | 52.523,65 | 52.523,65 | | 52.523,653 | |
| Agua | 14.814,36 | 2.900,0 | 17.714,36 | 17.714,36 | | 19.280,364 | |
| Carbón | 0,00 | | 0,00 | 0,00 | | 0,000 | |
| Gases | 0,00 | | 0,00 | 0,00 | 1.566,0 | 0,000 | |
| Aire fresco | 0,00 | | 0,00 | 0,00 | | 0,000 | |
| Aire caliente | 0,00 | | 0,00 | 0,00 | | 0,000 | 3.944,0 |
| Reciclado | 8.670,94 | 3.944,0 | 12.614,94 | 12.614,94 | | 8.670,942 | |
| Total | 76.008,96 | 6.844,0 | 82.852,959 | 82.852,96 | 1.566,00 | 80.474,959 | 3.944,0 |

NOTA: *Se muestra datos del balance de materia en la etapa de amasado y extrusado*

b) **Balance de materia en secado y cocción**

El balance de materia para los procesos de amasado y Extrusado siguiendo los parámetros establecidos en el cálculo efectuado por el Grupo de trabajo Convenio UIS-IDEAM.

**Tabla 21**
*Balance de materia en secado y cocción*

| Componente | Secado | | | | Cocción | | | |
|---|---|---|---|---|---|---|---|---|
| | Entrada | | Salida Cocción A M.Amb | | Entrada | | Salida A empaque | |
| | Kg | Kg | Kg | Kg | Kg | Kg | Kg | Kg |
| Arcilla | 52.523,65 | | 52.523,65 | | 52.523,65 | | 52.523,65 | |
| Agua | 19.280,36 | | 7.681,00 | 11.599,36 | 7.681,00 | | 1.920,25 | 5.760,75 |
| Carbón | 0,00 | 729,06 | 0,00 | | 0,00 | 3.480,0 | 0,00 | |
| Gases | 0,00 | | | 8.216,22 | 0,00 | | 0,00 | 45.771,16 |
| Aire fresco | 0,00 | 9.691,8 | 0,00 | | 0,00 | 97.507,16 | 0,00 | |
| Aire caliente | 0,00 | 55.216,0 | | 57.420,64 | 0,00 | 0,0 | 0,00 | 55.216,00 |
| Reciclado | 8.670,94 | | 6.408,94 | 2.262,00 | 6.408,94 | | 4.088,94 | 2.320,00 |
| Total | 80.474,96 | 65.636,86 | 66.613,59 | 79.498,22 | 66.613,59 | 100.987,16 | 58.532,84 | 109.067,91 |
| | 146.111,82 | | 146.111,82 | | 167.600,76 | | 167.600,76 | |

NOTA: *Balance de materia de las entradas y salidas en las etapas de secado y cocción*

75

c) **Balance de materia en Selección y empaque**
En la selección y empaque se tiene un 0,92 % de producto rechazado de acuerdo con los parámetros establecidos en la base de cálculo estableció por el Grupo de trabajo de convenio UIS-IDEAM.

**Tabla 22**
*Balance de materia en cocción y empaquete del producto*

| Componente | Cocción | | | | Selección y empaque | | |
|---|---|---|---|---|---|---|---|
| | Entrada | Salida | A empaque | | A Empaque | Salida Producto | Salida Rechazos |
| | Kg | Kg | Kg | Kg | Kg | Kg | Kg |
| Arcilla | 52.523,65 | | 52.523,65 | | 52.523,65 | 52.523,65 | 0,00 |
| Agua | 7.681,00 | | 1.920,25 | 5.760,75 | 1.920,25 | 1.920,25 | 0,00 |
| Carbón | 0,00 | 3.480,00 | 0,00 | | 0,00 | 0,00 | 0,00 |
| Gases | 0,00 | | 0,00 | 45.771,16 | 0,00 | 0,00 | 0,00 |
| Aire fresco | 0,00 | 97.507,16 | 0,00 | | 0,00 | 0,00 | 0,00 |
| Aire caliente | 0,00 | 0,00 | 0,00 | 55.216,00 | 0,00 | 0,00 | 0,00 |
| Reciclado | 6.408,94 | | 4.088,94 | 2.320,00 | 4.088,94 | 3.556,10 | 532,85 |
| Total | 66.613,59 | 100.987,16 | 58.532,84 | 109.067,91 | 58.532,84 | 58.000,00 | 532,85 |
| | 167.600,76 | | 167.600,76 | | 58.532,84 | | 58.532,84 |

NOTA: *Se muestra el balance de materia en cocción y empaquete del producto*

### 3.10.4. Horno Cedan

El Horno Cedan favorece al sector cerámico por la eficiencia energética que implica su diseño, con menos impacto al medio ambiente y por su costo accesible de inversión.

El principio básico es el mismo que del horno continuo Hoffman donde la economía del combustible usado está relacionada a tres parámetros:

- **Primero** un calentamiento del oxígeno de combustión en la cámara que se está quemando a través del pasaje de aire por las cámaras anteriores. Economía que varía entre 20 % a 30 % del combustible usado.
- **Segundo**, el calentamiento de las cámaras siguientes, que se da en la liberación de calor de la cámara que se está quemando para las otras dos o tres cámaras siguientes, por la estructura de la

bóveda y su chimenea permiten disminuir el consumo de leña en un 30 %.

- **Tercero**, está relacionado a la conductividad térmica y aislamiento de los materiales empleados en la construcción del horno.

Una de las grandes ventajas que presenta este horno está relacionada a la forma de quema por la parte superior o por la parte horizontal. Por lo que se tiene un horno bastante versátil para efectuar cualquier tipo de quema, de combustibles sólidos, líquidos o gas.

**Imagen 7.**
*Esquema del horno cedan*

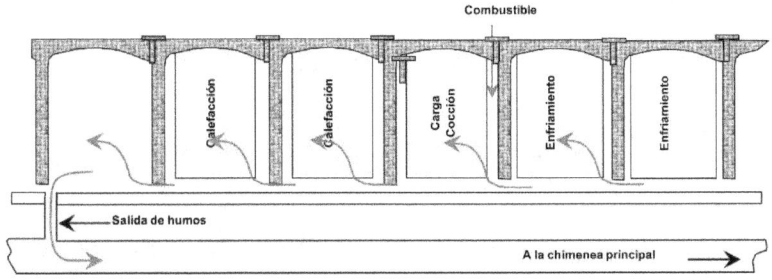

NOTA: *Se muestra el esquema del horno Cedan por: Catalogo de Hornos CEDAN*

La zona de quema está separada de la carga, lo que propicia una quema de cualquier tipo de producto sin provocar requema. La uniformidad de los productos obtenidos resultantes de la quema es bastante relevante como la calidad de producto y menos riesgo de trabajo.

La producción depende del ciclo de quema de cada material, la misma que depende de las características físicas y químicas de la arcilla, empleando tiempos entre 10 a 30 horas de quema.

### 3.10.5. Balance de energía

**Balance de energía en la cámara de cocción**

**Base de cálculo**

N.º de ladrillos : 20.000 ladrillos huecos
Masa de ladrillo crudo : 3,4 Kg

Masa de ladrillo cocido : 2,9 Kg
Humedad : 14,71 %

a) **Calor requerido para la cocción de productos**

**Ecuación 4**
*Calor requerido para la cocción de productos*

$$Q1 = mLCp\Delta T$$

Dónde:

**mL** = Masa del producto
**Cp** = Capacidad calorífica del ladrillo = 0,25 Kcal/Kg °C
**T. Horno** = 1.000 °C
**T. Ladrillo** = 114 °C
$\Delta T$ = Diferencia de temperaturas

$$Humedad = \frac{(3,4 - 2,9) \text{ Kg de } H_2O}{3,4 \text{ Kg de ladrillo crudo}} \times 100\% = 14,71\%$$

**Q1** = 20.000 x (1 – 0,01471) x 0,25 x (1.000 – 114) = 12.847,000 Kc

b) **Calor requerido para la evaporación del agua**

**Masa de agua a evaporar**

Dónde:

**Q2** = magua Cp $\Delta$ T + magua $\lambda$ mL = masa del producto
**Cp** = Capacidad calorífica del ladrillo = 1 Kcal/Kg °C
**T. agua** = 114 °C
**T. evaporación** = 189 °C
$\lambda$ = Calor latente de vaporización = 540 Kcal/Kg de H2O

$$Humedad = \frac{(3,4 - 2,9) \text{ Kg de } H_2O}{1 \text{ Ladrillo crudo}} \times 20.000 \text{ Ladrillos crudos} = 10.000 \text{ Kg de } H_2O$$

$\Delta T$ = Diferencia de temperaturas = 75 °C
**Q2** = 10.000 x 1 x (189 – 114) + 540 x 10.000 = 6.150.000 Kcal

c) **Calor disipado por las paredes y bóveda del horno**
   **Calor disipado por las paredes**

**Ecuación 5**
*Calor disipado por las paredes y bóveda del horno*

$$Q3 = KA\ \Delta\emptyset$$

Dónde:
- Q3 = Calor perdido por conducción
- K = Coeficiente de pérdida de calor = 840 Kcal/m2.h
- Apared = Área de transferencia de calor = 102,96 m2
- Ø = Tiempo de operación (h) = 10 h
- Q3 = 840 x 102,96 x 10 = 864.864 Kcal

**Calor disipado por la bóveda del horno**
- Q'3 = K x A x ΔØ
- Q'3 = Calor perdido por conducción por la bóveda
- K = Coeficiente de pérdida de calor = 1.120 Kcal/m2.h
- Aboveda = Área de transferencia de calor = 37,68 m2
- Ø = Tiempo de operación (h) = 10 h
- Q3 = 1.120 x 37,68 x 10 = 422.016 Kcal
- Q3 + Q'3 = 1.286.880 Kcal

d) **Calor requerido para calentar parrilla de deflectores**
   **Calor disipado por las paredes**

**Ecuación 6**
*Calor requerido para calentar parrilla de deflectores*

$$Q4 = M_{parrillas} \times Cp \times \Delta T$$

Dónde:

- mL = Masa de los deflectores y parrilla = 7.920 Kg
- Cp = Capacidad calorífica del ladrillo = 0,25 Kcal/Kg °C
- T. Horno = 1.000 °C
- T. Ladrillo = 114 °C
- ΔT = Diferencia de temperaturas = 886 °C
- Q4 = 7.920 x 0,25 x 886. = 1.754.280 Kcal

E. **Balance de energía en la cámara 2**
**Base de cálculo**

Nº de ladrillos            :        20.000 ladrillos huecos
Masa de ladrillo cocido :        2,9 Kg

e) **Calor requerido para la cocción de productos**

**Ecuación 7.**
*Calor requerido para la cocción de productos*

$$Q1 = mL \times Cp \times \Delta T$$

Dónde:

**mL** = Masa del producto = 58.000 Kg
**Cp** = Capacidad calorífica del ladrillo = 0,25 Kcal/Kg º C
**T. Horno** = 900 º C
**T. Ladrillo** = 450 º C
**ΔT** = Diferencia de temperaturas
**Q1** = 58.000 x 0,25 x (900 - 450) = 6.525.000 Kcal

f) **Calor disipado por las paredes y bóveda del horno**
**Calor disipado por las paredes**

**Ecuación 8.**
*Calor disipado por las paredes y bóveda del horno*

$$Q3 = K \times A \times \Delta\emptyset$$

**Q3** = Calor perdido por conducción
**K** = Coeficiente de pérdida de calor = 840 Kcal/m2.h
**Pared** = Área de transferencia de calor = 102,96 m2
**Ø** = Tiempo de operación (h) = 6 h

**Calor disipado por la bóveda del horno**

**Q'3** = KA ΔØ
**Q'3** = Calor perdido por conducción por la bóveda
**K** = Coeficiente de pérdida de calor = 1.120 Kcal/m2.h
**Aboveda** = Área de transferencia de calor = 37,68 m2
**Ø** = Tiempo de operación (h) = 6 h
   **Q3 + Q'3** = 772.128 Kcal

g) **Calor requerido para calentar parrilla de deflectores**
   **Calor disipado por las paredes**

**Ecuación 9**
*Calor requerido para calentar parrilla de deflectores*

$$Q4 = \text{mparrillas} \times Cp \times \Delta T$$

**Mparrillas** = Masa de los deflectores y parrilla = 7.920 Kg
**Cp** = Capacidad calorífica del ladrillo = 0,25 Kcal/Kg °C
**T. Horno** = 900 °C
**T. Ladrillo** = 450 °C
**ΔT** = Diferencia de temperaturas = 450 °C
**Q4** = 7.920 x 0,25 x 450 = 891.000 Kcal

**Tabla 23.**
*Requerimiento energético para dos cámaras*

| Cámara | Energía | |
|---|---|---|
| Calor suministrado a C-1 | 20.660.200,0 | Kcal |
| Calor suministrado a C-2 | 8.188.128,0 | Kcal |
| **Calor total por suministrar** | **28.848.328,0** | **Kcal** |

NOTA: *Se muestra datos requerimientos energético para dos cámaras*

$$\frac{28.848.328 \; Kcal}{20.000 \; ladrillos} \times \frac{1 \; Ladrillo}{2,9 \; Kg \; de \; ladrillo} = 497,38 \; \frac{Kcal}{Kg \; de \; ladrillo}$$

Que es la energía requerida por 1 Kg de ladrillo.

### 3.10.6. Cálculo de gas para la combustión

Se utilizará gas natural como combustible para la generación de calor en los hornos. La Determinación de la cantidad de combustible, está basado en el requerimiento energético de las dos cámaras de 28.848.328 Kcal (Tabla 21). Se emplea un factor de seguridad del 5 %,

**Ecuación 10**
*Cálculo de gas para la combustión*

$$Q_{combustión} = 1{,}05 \times 28.848.328 = 30.290.744{,}4 \text{ Kcal}$$

Poder calorífico del GN = 1.079,7    BTU/pie3 = 272,08 Kcal/pie3 = 9.608,42 Kcal/m3

$$\boldsymbol{Requerimiento\ de\ gas} = \frac{30.290.744{,}4 \ \text{Kcal}}{272{,}08 \ \frac{\text{Kcal}}{\text{pie}^3}} = 111.330{,}25 \ \text{pie}^3$$

Tiempo de quemado:    16 horas

$$\boldsymbol{Caudal\ de\ gas} = \frac{111.330{,}25 \ \text{pie}^3}{16 \ \text{h}} = 6.958{,}14 \ \frac{\text{pie}^3}{\text{h}}$$

Las reacciones de combustión de los componentes de gas natural empleado en la combustión se detallan en la siguiente tabla.

**Tabla 24**
*Reacciones de combustiones de los componentes del gas natural*

| | | Reactantes | | | | Productos | | |
|---|---|---|---|---|---|---|---|---|
| Compuesto | $CH_4$ | + | $2\,O_2$ | → | $CO_2$ | + | $2\,H_2O$ |
| Peso Molecular | 16 | + | 64 | → | 44 | | 36 |
| Compuesto | $C_2H_6$ | + | $3½\,O_2$ | → | $2\,CO_2$ | + | $2\,H_2O$ |
| Peso Molecular | 30 | + | 64 | → | 88 | | 54 |
| Compuesto | $C_3H_8$ | + | $5\,O_2$ | → | $3\,CO_2$ | + | $4\,H_2O$ |
| Peso Molecular | 44 | + | 160 | → | 132 | | 72 |
| Compuesto | $C_4H_{10}$ | + | $6½\,O_2$ | → | $4\,CO_2$ | + | $5\,H_2O$ |
| Peso Molecular | 58 | + | 160 | → | 176 | | 90 |
| Compuesto | $C_5H_{12}$ | + | $8\,O_2$ | → | $5\,CO_2$ | + | $6\,H_2O$ |
| Peso Molecular | 72 | + | 256 | → | 220 | | 108 |
| Compuesto | $C_6H_{14}$ | + | $9{,}5\,O_2$ | → | $6\,CO_2$ | + | $7\,H_2O$ |
| Peso Molecular | 86 | + | 304 | → | 264 | | 126 |
| Compuesto | $C_7H_{16}$ | + | $11\,O_2$ | → | $7\,CO_2$ | + | $8\,H_2O$ |
| Peso Molecular | 100 | + | 352 | → | 308 | | 144 |

NOTA: *La imagen que me has enviado muestra una tabla de reacciones químicas y sus productos.*

### 3.10.7. Cálculo de aire requerido para la combustión

Se efectúa el cálculo empleando la estequiometria de las ecuaciones de combustión, determinándose además del balance la cantidad de dióxido de carbono generado por hora.

Oxigeno total requerido: 32,455 Kg de O2/h

**Tabla 25**
*Balance de masa de combustión*

| Componentes | % Molar | Peso M. (lb/mol-lib) | Peso $M_{prom}$ (lb/mol-lib) | Moles Lb mol/h | Kg/h Gas | $O_2$ | $CO_2$ |
|---|---|---|---|---|---|---|---|
| $C_1$ | 89.170 | 16.04 | 14.302868 | 16.35526 | 7.425 | 29.627 | 20.4195 |
| $N_2$ | 0.945 | 28 | 0.26450667 | 0.17327 | 0.079 | | |
| $CO_2$ | 0.638 | 44 | 0.28057333 | 0.11696 | 0.053 | | 0.0531 |
| $C_2$ | 5.352 | 30.070 | 1.6093464 | 0.98165 | 0.446 | 1.660 | 1.3073 |
| $C_3$ | 2.300 | 44.097 | 1.01437799 | 0.42192 | 0.192 | 0.695 | 0.5747 |
| $iC_4$ | 0.305 | 58.124 | 0.1772782 | 0.05594 | 0.025 | 0.091 | 0.0771 |
| $nC_4$ | 0.643 | 58.124 | 0.37373732 | 0.11794 | 0.054 | 0.192 | 0.1625 |
| $iC_5$ | 0.177 | 72.151 | 0.12746677 | 0.03240 | 0.015 | 0.052 | 0.0450 |
| $nC_5$ | 0.183 | 72.151 | 0.13203633 | 0.03357 | 0.015 | 0.054 | 0.0466 |
| $C_6$ | 0.148 | 86.178 | 0.12725618 | 0.02708 | 0.012 | 0.043 | 0.0377 |
| $C_7+$ | 0.140 | 100.205 | 0.140287 | 0.02568 | 0.012 | 0.041 | 1.1682 |
| $C_8+$ | 0.000 | 114.232 | 0 | 0.00000 | 0.000 | | 0.0000 |
| $C_9+$ | 0.000 | 128.259 | 0 | 0.00000 | 0.000 | | 0.0000 |
| Total | 100.0 | | 18.5497 | 18.3417 | 8.3271 | 32.4551 | 23.8976 |

NOTA: *Se muestra balance de masa de combustión celulósicos. Adans*

### a) Cálculo de aire a condiciones del ambiente prevaleciente en Santa Cruz

Presión barométrica en Santa Cruz : 726 mm de Hg
Temperatura de bulbo seco promedio: 27 °C
Temperatura de bulbo húmedo promedio: 22 °C
Humedad relativa promedio : 66 %
Humedad absoluta : 0,01517 Kg de H2O/Kg de a.s.

Masa de aire = 1 Kg + 0,01517 Kg de H2O = 1.01517 Kg de aire

La composición del aire es de 79 % de nitrógeno y 21 % de Oxígeno, la masa de aire requerido para la combustión es de 154,55 Kg de aire/h.

$$\frac{100 \text{ Kg de aire}}{21 \text{ Kg de O}_2} \times = \frac{32{,}455 \text{ Kg de O}_2}{h} = 154{,}55 \frac{\text{Kg de aire}}{h}$$

$$\frac{79 \text{ Kg de N}_2}{21 \text{ Kg de O}_2} \times = \frac{32{,}455 \text{ Kg de O}_2}{h} = 120{,}548 \frac{\text{Kg de N}_2}{h}$$

### 3.10.8. Energía disipada en los gases de chimenea

En la siguiente tabla se detallan las capacidades caloríficas de los compuestos resultantes de la combustión de la leña.

*Tabla 26*
*Calores sensibles de compuesto de combustión.*

| Compuesto | Kcal/Kg ° C |
|---|---|
| CO2 | 0,235 |
| N2 | 0,247 |
| H2O | 0,342 |

NOTA: *Principios de Ingeniería. A Puron. Ed. Limusa*

Para el siguiente cálculo los gases salen a 200 ° C. Empleándose la siguiente ecuación: Q = m x Cp x Δt.

$$Q_{CO2} = 0{,}235 \frac{3 \text{ Kcal}}{\text{Kg de CO}_2} \times 23.8976 \frac{\text{Kg de CO}_2}{h} \times (200 - 27)°C = 971{,}31 \frac{\text{Kcal}}{h}$$

De forma similar se determinar la energía disipada en los demás componentes que salen por la chimenea del horno, determinándose que 7.330,30 Kcalh son disipadas.

**Tabla 27**
*Energía asociada en los gases de combustión.*

| Compuesto | Kcal/Kg ° C | Kg/h | Kcal/h |
|---|---|---|---|
| $CO_2$ | 0.235 | 23.8916 | 971.31 |
| $N_2$ | 0.247 | 120.721 | 5,158.53 |
| $H_2O$ | 0.342 | 20.2897 | 1,200.46 |
| | | **Total** | **7,330.30** |

NOTA: *Energía asociada en los casos de combustión*

### 3.10.9. Instalación de gas natural

El balance está basado en la energía requerida por un caudal de 6.958,14 pie3/h de gas natural. El gas será utilizado para calentamiento de los hornos y en el secador.

### 3.11. Programa de Producción

Para establecer el programa de producción se efectúa un análisis de tiempo de acuerdo con el equipo seleccionado que tiene relación con la capacidad en cada una de las etapas.

### 3.11.1. Curso grama analítico

Se elabora el curso grama analítico en la cual se detallan los tiempos empleados en cada etapa del proceso basados en la secuencia del proceso detallado en el diagrama.

*Tabla 28.*
*Cursograma analítico de ladrillo de 6 huecos*

| PRODUCTO | Actividad | | Actual | Propuesta | Economía |
|---|---|---|---|---|---|
| Ladrillos | Operación | O | 9 | | |
| ACTIVIDAD: | Transporte | ☐ | 5 | | |
| Elaboración de ladrillos de 6 huecos | Espera | D | 0 | | |
| | Inspección | • | 2 | | |
| | Almacenaje | | 5 | | |
| METODO: ACTUAL | Distancia | | | | |
| LUGAR: Área de producción | Tiempo | | | | |
| OPERARIOS: | Costo | | | | |
| | Mano de obra | | | | |
| FECHA: 02/07/2023 | Material | | | | |
| | Total | | | | |

| Descripción | Tiempo ||| Símbolo ||||| Observaciones |
|---|---|---|---|---|---|---|---|---|---|
| | Inicio | Fin | Hora | ○ | ☐ | D | • | ☐ | |
| Recepción y verificado | 07:00 | 07:05 | 00:05:00 | x | | | | | |
| Almacenamiento de materia prima | 07:05 | 07:20 | 00:15:00 | | x | | | | |
| Transporte de materia prima | 07:20 | 07:40 | 00:20:00 | | | | | x | |
| Preparación de materia prima | 07:40 | 07:50 | 00:10:00 | x | | | | | |
| Triturado y pulverizado de materia prima | 07:50 | 07:55 | 00:05:00 | x | | | | | |
| Amasado de la materia prima | 07:55 | 08:00 | 00:05:00 | x | | | | | |
| Laminado de la materia prima | 08:00 | 08:05 | 00:05:00 | x | | | | | |
| Extrusión del Producto | 08:05 | 08:06 | 00:01:00 | x | | | | | |
| Cortado del producto semiacabado | 08:06 | 08:07 | 00:01:00 | x | | | | | |
| Control de calidad | 08:07 | 12:27 | 04:20:00 | | x | | | | |
| Transporte de producto semiacabado al secadero | 07:00 | 07:05 | 00:05:00 | | | | x | | |
| Secado del producto semiacabado | 07:05 | 09:29 | 02:24:00 | x | | | | | |
| Control de calidad | 09:29 | 09:49 | 00:20:00 | | x | | | | |
| Transporte del producto semiacabado a horno | 09:49 | 10:09 | 00:20:00 | | | | x | | |
| cocción del producto semiacabado en horno | 10:24 | 06:24 | 20:00:00 | x | | | | | |
| Descargado del horno del Producto final | 11:29 | 13:53 | 02:24:00 | x | | | | | |
| Control de calidad | 12:29 | 12:49 | 00:20:00 | | x | | | | |
| Transporte del producto terminado | 13:29 | 15:53 | 02:24:00 | | | | x | | |
| Inventario del producto terminado | 12:24 | 12:44 | 00:20:00 | | x | | | | |
| Almacenamiento del producto terminado | 13:24 | 15:48 | 02:24:00 | | | | | x | |
| Venta y comercialización del Producto | 14:24 | 14:29 | 00:05:00 | | | | x | | |
| Total | | | 72:33:00 | 9 | 5 | 0 | 5 | 2 | |

NOTA: *Cursograma analítico de ladrillo de 6 huecos*

El Curso grama analítico presente nos muestra los pasos detallados del proceso que seguirá la producción, así como también el tiempo en el que demorará cada paso, lo cual indica que todo este proceso tendrá una duración de 72 horas.

En la tabla 28 se detalla el curso grama analítico del proceso de producción de ladrillos

### 3.11.2. Planeación Agregada de Producción

En la tabla 29 se detalla la planificación de la producción de acuerdo con la demanda estimada en el estudio del mercado.

Para el primer año se determina el empleo de 7 hornos para cubrir la demanda estimada para el año 2023 de 33.247 Tn de ladrillo

$$\frac{58 \text{ Tn de ladrillo}}{1 \text{ horno-3 días}} \times 7 \text{ hornos} = 135,33 \frac{\text{Tn de ladrillo}}{\text{día}}$$

Se determina los porcentajes de producción por mes de 5 % para el mes de enero considerando que la población invierte su dinero en otras actividades y se va incrementando para disminuir en los meses de fin de año, considerando que las fiestas de fin de año la población invierte su dinero con otros fine.

**Tabla 29**
*Planeación agregada para el año 2023.*

| Mes | % | Demanda Estimada | Días Disponibles | Inventario en Tn Inicio | E/S | Fin | Producción Tn de ladrillo | N° Hornos |
|---|---|---|---|---|---|---|---|---|
| Enero | 5,0% | 1.664 | 11 | 0 | 192 | 192 | 1.856 | 7 |
| Febrero | 6,0% | 1.995 | 12 | 192 | 93 | 285 | 2.088 | 7 |
| Marzo | 6,5% | 2.161 | 12 | 285 | -73 | 212 | 2.088 | 7 |
| Abril | 7,0% | 2.327 | 14 | 212 | 167 | 379 | 2.494 | 7 |
| Mayo | 9,0% | 2.992 | 17 | 379 | 82 | 461 | 3.074 | 7 |
| Junio | 9,0% | 2.992 | 17 | 461 | 82 | 543 | 3.074 | 7 |
| Julio | 9,0% | 2.992 | 17 | 543 | 82 | 625 | 3.074 | 7 |
| Agosto | 9,5% | 3.158 | 17 | 625 | -84 | 541 | 3.074 | 7 |
| Septiembre | 10,0% | 3.325 | 18 | 541 | -19 | 522 | 3.306 | 7 |
| Octubre | 10,0% | 3.325 | 18 | 522 | -19 | 503 | 3.306 | 7 |
| Noviembre | 9,5% | 3.158 | 18 | 503 | 148 | 651 | 3.306 | 7 |
| Diciembre | 9,5% | 3.158 | 18 | 651 | 148 | 799 | 3.306 | 7 |
| Total | 100 % | 33.247 | 189 | | | 5.713,0 | | |

**NOTA:** *Se muestra la planeación agregada para el año 2023.*

De forma similar se efectúa el plan agregado para los años siguientes, en la cual se va incrementando el N° de hornos a emplear, determinándose que para el año 2028 pronosticado con una demanda de 59.187 Tn de ladrillo se requerirá del uso de 8 Hornos.

**Tabla 30**
*Planeación agregada para el año 2028*

| Mes | % | Demanda Estimada | Días Disponibles | Inventario Inicio | E/S | Fin | Producción Tn de ladrillo | N° Hornos |
|---|---|---|---|---|---|---|---|---|
| Enero | 5,0% | 2.959 | 0 | 613 | 57 | 670 | 3.016 | 8 |
| Febrero | 6,0% | 3.552 | 0 | 670 | -72 | 598 | 3.480 | 8 |
| Marzo | 6,5% | 3.847 | 0 | 598 | 329 | 927 | 4.176 | 8 |
| Abril | 7,0% | 4.143 | 0 | 927 | 1.193 | 2.120 | 5.336 | 8 |
| Mayo | 9,0% | 5.326 | 0 | 2.120 | 10 | 2.130 | 5.336 | 8 |
| Junio | 9,0% | 5.326 | 0 | 2.130 | 10 | 2.140 | 5.336 | 8 |
| Julio | 9,0% | 5.327 | 0 | 2.140 | 9 | 2.149 | 5.336 | 8 |
| Agosto | 9,5% | 5.623 | 0 | 2.149 | -287 | 1.862 | 5.336 | 8 |
| Septiembre | 10,0% | 5.919 | 0 | 1.862 | -583 | 1.279 | 5.336 | 8 |
| Octubre | 10,0% | 5.919 | 0 | 1.279 | -583 | 696 | 5.336 | 8 |
| Noviembre | 9,5% | 5.624 | 0 | 696 | -288 | 408 | 5.336 | 8 |
| Diciembre | 9,5% | 5.622 | 0 | 408 | -286 | 122 | 5.336 | 8 |
| **Total** | **100 %** | **59.187** | **0** | | | | **15.101,0** | |

NOTA: *Se muestra la planeación agregada para el año 2028*

### 3.11.3. Plan de requerimiento de materiales

Establecido el balance de materia y los planes de producción por año se determina el plan de requerimiento de materiales.

**Tabla 31**
*Planeación de requerimiento de materia prima e insumos.*

| Concepto | Unidad | 2023 | 2024 | 2025 | 2026 | 2027 | 2028 | 2029 |
|---|---|---|---|---|---|---|---|---|
| Materia prima | Tn | 34,909 | 40,078 | 45,006 | 49,686 | 54,109 | 58,266 | 62,147 |
| Energía eléctrica | kWh | 997,406 | 1,145,082 | 1,285,898 | 1,419,612 | 1,545,977 | 1,664,735 | 1,775,620 |
| Leña | Kg | 76,372.5 | 87,680.3 | 98,462.7 | 108,701.3 | 118,377.2 | 127,470.7 | 135,961.2 |
| Agua proceso | m$^3$ | 6,499.8 | 7,462.1 | 8,379.8 | 9,251.1 | 10,075 | 10,849 | 11,571 |

***NOTA:*** *Planeación de requerimiento de materia primas e insumos en base a balance de materia y energía.*

### 3.11.4. Muebles y Enseres

Comprende la compra de muebles para el área administrativa y centros de trabajo de oficina. El total alcanzado por esta inversión es de $us 2.775.

**Tabla 32**

*Requerimientos de Muebles y Enseres*

| Item | Imagen | Característica | Rangos Generales | Cantidad | Costo Bs Unitario | Total |
|---|---|---|---|---|---|---|
| 1 | Escritorio | Un escritorio tipo L. Está formado con una esquina de 90° en una parte del mueble que puede ser curva o un borde. | Diseño estándar que pueda combinarse con otros estilos. | 4 | 450 | 1800 |
| | | | Altura de 75 cm, aproximadamente a los codos del usuario | | | |
| | | | Superficie amplia (160x80cm). | | | |
| 2 | Sillas | Las sillas ergonómicas sería un nivel superior al de las sillas de oficina. Son sillas que utilizan los últimos adelantos en ergonomía para proporcionar el máximo confort y protección al usuario | Debe ser ergonómica para que su forma, dimensiones y ajustes favorezcan una postura correcta. | | | |
| | | | Ofrecer movilidad al usuario. | | | |
| | | | Debe disponer de regulación de altura. | | | |
| | | Remarcación del último número | | | | |
| | | Control de volumen electrónico | Altavoz | | | |
| | | Tecla de flash instalable en la pared | | | | |
| 3 | Estantes | Mantener el material y documentación bien organizada, De esta forma, se mejoran la productividad y se reducen lo tiempo en los flujos de trabajo. Una mala organización del espacio puede llegar, aparte de reducir el rendimiento, a causar frustración y aumento del estrés entre los empleados si ralentiza demasiado su trabajo | Debe cubrir las necesidades de almacenaje en poco espacio. | 4 | 300 | 1200 |
| | | | Material y estructuraresistente. | | | |
| | | | Estabilidad: soportes laterales fijos. | | | |
| 4 | Mesas | Mesas de oficina con estructura metálica, para despachos y puestos de trabajo. con variedad de dimensiones y opciones, que se adaptan perfectamente a cualquier espacio de trabajo. Mesas simples y benchs que crecen indefinidamente. | Superficie amplia. | 1 | 2750 | 2750 |
| | | | Altura de 75cm, aproximadamente a los codos del usuario. | | | |
| | | | Diseño estándar. | | | |
| | | | Material y estructuraresistente. | | | |

*NOTA:* Se muestra los requerimientos de muebles y enseres

**Tabla 33**
*Requerimiento de muebles y enseres (Continuación)*

| ÍTEM | IMAGEN | CARACTERÍSTICA | RANGOS GENERALES | CANTIDAD | COSTO BS UNITARIO | COSTO BS TOTAL |
|---|---|---|---|---|---|---|
| 5 | Sillas | Son un tipo de sillas de oficina que se caracterizan por ser bastante sencillas, ya que no suelen tener ruedas, reposabrazos o ajustes, puesto que están concebidas | Altura de 75cm, aproximadamente a los codos del usuario. Diseño estándar. Material resistente La superficie del asiento debe tener 42x40cm. Diseño adecuado. Material y estructura resistente. | 7 | 200 | 1400 |
| 6 | Computadoras | Procesador Core i3 o Core i5 Memoria RAM de 4 GB a 8 GB Disco duro de 500 GB o superior | Las computadoras para diseño requieren características muy específicas para soportar los programas y las gráficas propias de este trabajo. | 5 | 3300 | 16,5 |
| 7 | Impresora Epson L3210 | Láser: Imprime con tecnología Mono funcional: Solo Imprime Multifuncional: Imprime, escanea y Fotocopia Monocromática: Imprime solo en Negro Poli cromática: | Una imagen consta de muchos píxeles pequeños. Cuantos más pixeles, más fina es la imagen y mejor su calidad. | 3 | 1170 | 3510 |
| 8 | Proyectora | + Brillo: + Distancia de alcance: + Consumo: + Resolución: + Tiempo de vida de lámpara y capacidad: + Control remoto: | Diversos modelos de proyectores con la capacidad de proyectar imágenes estereoscópicas, procedentes de las fuentes 3D requeridas, para su visualización a nivel Usuario con gafas. | 1 | 700 | 700 |
| 9 | Teléfonos fijos | Son un tipo de sillas de oficina que se caracterizan por ser bastante sencillas, ya que no suelen tener ruedas, reposabrazos o ajustes, puesto que están concebidas + Distancia de alcance: + Consumo: + Resolución: | Teléfono fijo con cable para el hogar, la oficina, teléfono con cable de escritorio con pantalla y volumen ajustable, compatible con música en espera, | 3 | 140 | 420 |

NOTA: *Se muestra la continuación de los requerimientos de los muebles y enceres.*

## 3.12. Obras Civiles

### 3.12.1. Infraestructura

A continuación, se analizan las diferentes etapas del método Sistematic Layout Planning (SLP) teniendo en cuenta las características del proceso producto y tipo de distribución en planta definidas. Aplicando la matriz de relaciones entre departamentos. A partir de la matriz de relaciones se obtiene la siguiente tabla de relaciones.

**Diagrama 1.**
*Relación de áreas*

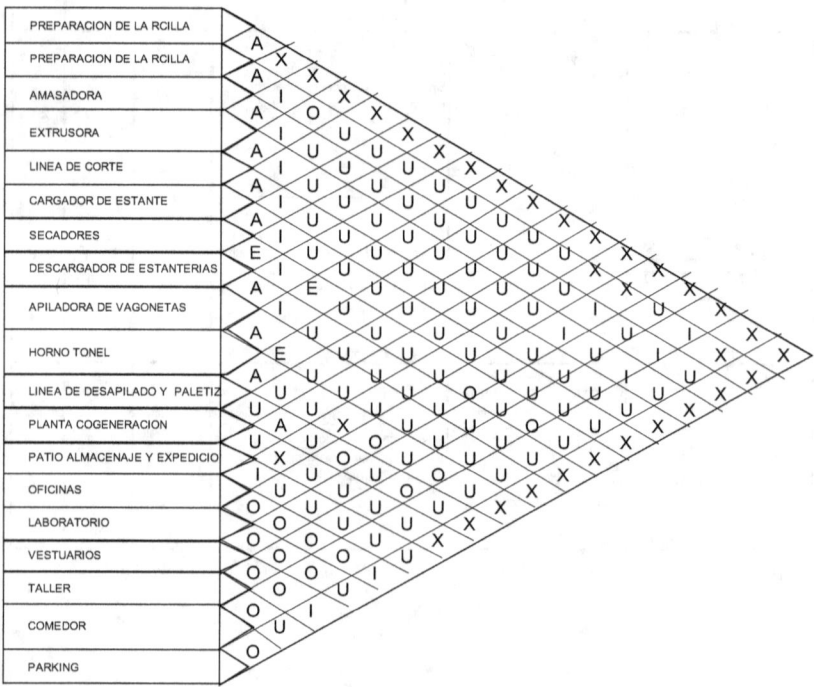

NOTA: *Viabilidad, planificación e implantación de una industria de materiales cerámicos para la construcción en Cataluya. Manel Moia Pujol.*

De acuerdo con las restricciones obtenidas mediante el estudio del método SLP, y teniendo en cuenta que las medidas más importantes que marcan la pauta para la distribución espacial de la planta de producción son la longitud y anchura del horno, así como la longitud y la anchura del secadero. Cuyas dimensiones se detallan en el capítulo de tamaño y localización del proyecto considerando los apartados anteriores se ha diseñado el Layout del sistema productivo, así como la distribución de la maquinaria y la situación de la planta en el terreno. (Cataluya. Manel Moia Pujol.)

## Tabla 34
*Matriz de relaciones*

| | Acopio de tierras | Preparacion de arcilla | Amasadora | Extrusora | Linea de corte | Cargador de estantes | Secadero | Descargador de estanterias | Apiladores de Vagoneta | Horno tunel | Linea de palisado y Paletizado | Planta cogeneracion | Patio almacenaje expredicion | Oficinas | Laboratorio | Vestuarios | Taller |
|---|---|---|---|---|---|---|---|---|---|---|---|---|---|---|---|---|---|
| PREPARACION DE LA ARCILLA | A | | | | | | | | | | | | | | | | |
| AMASADORA | X | A | | | | | | | | | | | | | | | |
| EXTRUSORA | X | I | A | | | | | | | | | | | | | | |
| LINEA DE CORTE | X | O | I | A | | | | | | | | | | | | | |
| CARGADOR DE ESTANTES | X | U | U | I | A | | | | | | | | | | | | |
| SECADORES | X | U | U | U | I | A | | | | | | | | | | | |
| DESCARGADOR DE ESTANTES | X | U | U | U | U | U | E | | | | | | | | | | |
| APILADORA DE VAGONETAS | X | U | U | U | U | U | I | A | | | | | | | | | |
| HORNO TONEL | X | U | U | U | U | U | E | I | A | | | | | | | | |
| LINEA DE DESAPILADO Y PA | X | U | U | U | U | U | U | U | E | A | | | | | | | |
| PLANTA COGENERACION | X | U | U | U | U | U | U | U | U | U | U | | | | | | |
| PATIO ALMACENAJE T EXPE | X | X | U | U | U | U | U | U | U | U | A | U | | | | | |
| OFICINAS | X | X | U | I | U | U | U | U | U | X | U | X | I | | | | |
| LABORATORIO | X | I | I | U | U | U | O | U | U | O | O | U | U | O | | | |
| VESTUARIOS | X | U | U | U | U | U | U | U | U | U | U | U | U | O | O | | |
| TALLER | X | I | I | I | I | I | U | U | U | O | O | U | U | U | O | O | |
| COMEDOR | X | X | U | U | U | O | U | U | O | O | O | U | U | O | O | O | O |
| PARKING | X | X | X | X | X | X | X | X | X | X | X | X | U | I | U | I | I |

| CODIGO | PROXIMIDAD |
|---|---|
| A | ABSOLUTAMENTE NECESARIA |
| E | ESPECIALMENTE NECESARIO |
| I | IMPORTANTE |
| O | CONVENIENTE |
| U | INDIFERENTE |
| X | NO RECOMENDABLE |

| CODIGO | MOTIVO |
|---|---|
| | FLUJO DE MATERIALES |
| | FLUJO DE PPERSONALES |
| | FASILIDAD DE SUPERVISION |
| | MOLESTIAS PERSONAL |
| | SIN MOTIVOS |

NOTA: *Viabilidad, planificación e implantación de una industria de materiales cerámicos para la construcción en Cataluya. Manel*

**Diagrama 2** *Relación de áreas*

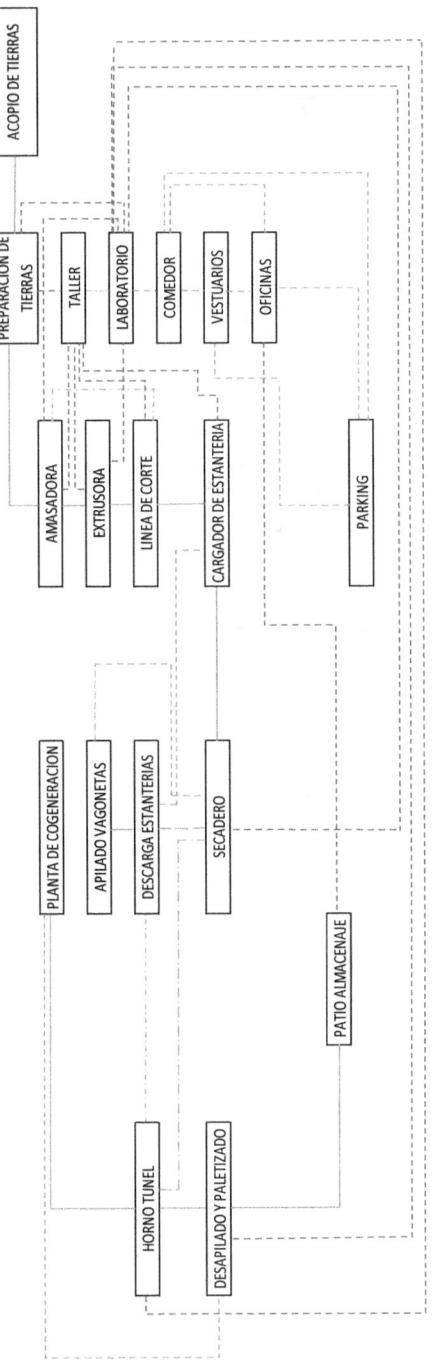

NOTA: *Viabilidad, planificación e implantación de una industria de materiales cerámicos para la construcción en Cataluya. Manel Moia Pujol.*

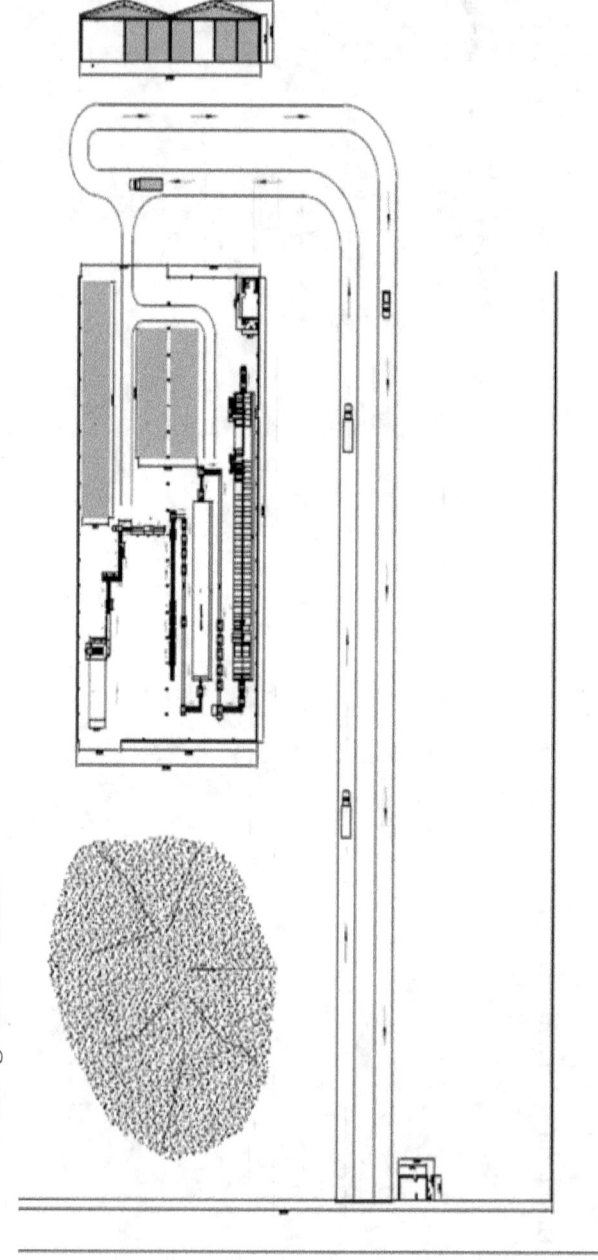

**Plano 1.**
*Plano general – vista 1*

NOTA: *Elaboración propia en base al diagrama de relación de áreas*

**Plano 2.**
*Plano general – vista II*

NOTA: Elaboración propia en base al diagrama de relación de áreas

**Diagrama 3.**
*Distribución de máquinas en el área de procesos*

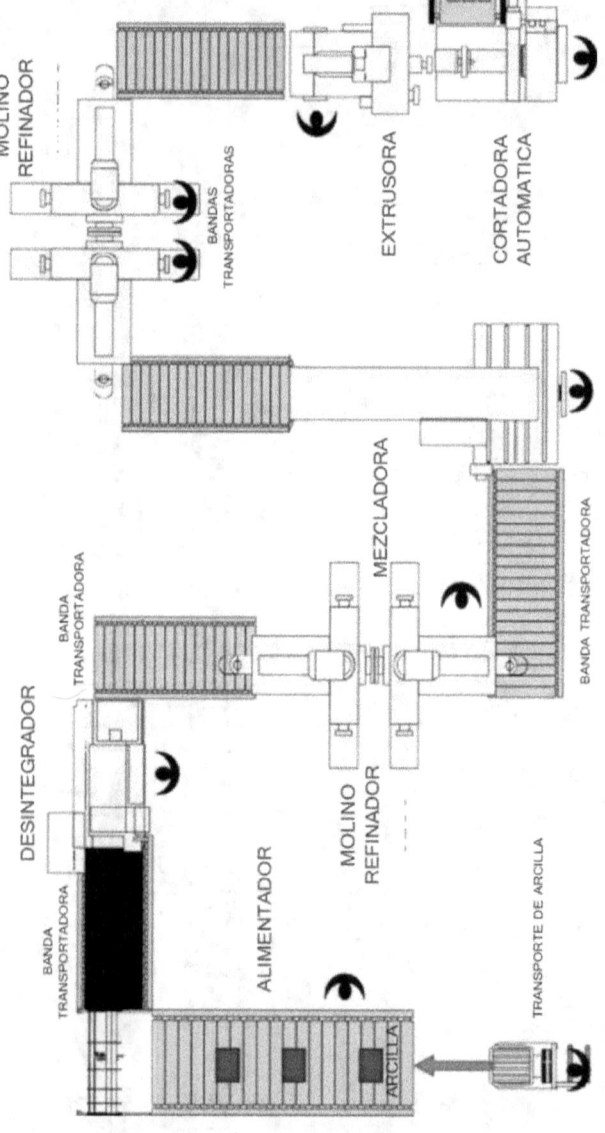

NOTA: *Elaboración propia en base a descripción del proceso*

### 3.12.2. Requerimiento de servicios básicos

El requerimiento de los servicios básicos como ser energía eléctrica, agua potable, gas y otros, está en función al programa (Calendario) de producción para los distintos periodos durante los años de vida del proyecto. Los cuales para el cálculo de consumo fueron tomadas en cuenta las 8 horas de producción diarias:

**Tabla 35.**
*Requerimiento de fuerza motriz*

| Descripción | Voltaje (V) | Carga (Watts) | Puntos (N°) | Carga Total (Watts) | Factor Consumo (Potencia) | Carga Efectiva (Watts) |
|---|---|---|---|---|---|---|
| Extrusora | 380 | 7 930 | 1 | 7 930 | 0,2 | 1 586 |
| Cortadora | 440 | 9 680 | 1 | 9 680 | 0,5 | 4 840 |
| Quemadores | 380 | 19 000 | 1 | 19 000 | 0,6 | 11 400 |
| Laminadora | 440 | 9 240 | 1 | 9 240 | 0,4 | 3 696 |
| Secador | 380 | 11 400 | 1 | 11 400 | 0,7 | 7 980 |
| | | | | Total | Watts/Mes | 29,502 |

NOTA: *Requerimiento de fuerza mortiz*

**Tabla 36.**
*Requerimiento de agua de procesos*

| Descripción | Consumo L/Día | Consumo anual (m³) |
|---|---|---|
| Agua (Proceso) | 3 888 889 | 1 400 000 |

NOTA: *Requerimiento de agua de procesos*

### 3.12.3. Mano de obra directa

En la siguiente tabla se detalla el requerimiento de mano de obra directa requerida para el proyecto, considerando el personal para la extracción de la materia prima y la requerida para el proceso de producción de ladrillos.

**Tabla 37.**
*Requerimiento de mano de obra directa*

| Descripción Área de Producción | Calificación | Cantidad |
|---|---|---|
| **Mano de Obra Directa** | | |
| Galletera, cortador y cargador | NC | 2 |
| Apiladora sobre vagonetas | NC | 2 |
| Horneros | NC | 4 |
| Desapilado | NC | 4 |
| Transporte producto a patio | NC | 4 |
| Extracción de M.P | | |
| Chofer de volqueta | C | 2 |
| Pala cargadora | C | 1 |
| Excavadora | C | 1 |
| **Total, Mano de Obra Directa** | | **20** |

NOTA: Fuente: Elaboración propia

## 3.13. Inversión del Proyecto

Inversión significa formación de capital. Desde el punto de vista económico, se entiende por capital al conjunto de bienes que sirven para producir otros bienes. Se incluye dentro del capital a bienes heterogéneos, como terrenos, edificios, instalaciones, maquinarias, equipos e inventarios. Todos los bienes destinados a las labores productivas forman parte del capital de una empresa. Una empresa invierte y aumenta su capital cuando incrementa sus activos productivos.

### 3.13.1. Inversión fija

La inversión fija en cuanto a los activos que actualmente existen y de aquellos a adquirir.

**Tabla 38.**
*Inversión fija*

| Concepto | $us | Porcentaje |
|---|---|---|
| Terreno para planta de producción | 250,000.0 | 14.1% |
| Construcción | 342,453.5 | 19.3% |
| Maquinaria y equipo | 513,337.8 | 28.9% |
| Horno de 12 cámaras | 205,873.4 | 11.6% |
| Subestación eléctrica | 2,118.0 | 0.1% |
| Subestación de gas | 10,800.0 | 0.6% |
| Material de oficina | 206.5 | 0.0% |
| Equipos de comunicación y computación | 7,740.0 | 0.4% |
| Muebles y enseres | 2,775.0 | 0.2% |
| Vehículos | 319,660.0 | 18.0% |
| Sistema de agua | 20,061.1 | 1.1% |
| Tanque de agua 20.000 litros | 18,000.0 | 1.0% |
| Imprevistos 5 % | 84,651.3 | 4.8% |
| **Total, inversión Fija** | **1,777,676.5** | **100.0%** |

NOTA: *Se muestra la inversión fija*

### 3.13.2. Terreno

En él capitulo Tamaño y Localización de la planta, la fábrica será situada en la localidad de Warnes. El precio catastral del terreno es de 5 $us/m2, el terreno es de 50.000 m2 totalizando 250.000 $us invertidos en el terreno.

### 3.13.3. Obras civiles

El valor en la construcción de obras civiles, tinglado y oficinas el monto de 342.453.5 dólares americanos, cotización efectuada por la empresa de construcciones ISSA S.A. (Construcciones "ISSA S.A").

**Tabla 39.**
*Inversión en obras civiles*

| Descripción | Galpones | Oficinas |
|---|---|---|
| Unidad | $m^2$ | $m^2$ |
| Cantidad | 4.559,6 | 270,0 |
| P. Unitario | 68,0 | 120,0 |
| Costo total | 310.053,5 | 32.400,0 |
| | 342.453,5 | |

NOTA: *Inversión en obras civiles*

### 3.13.4. Maquinarias y equipos

La inversión en maquinarias y equipos cotizada por la empresa SOUZA es de 513.337,8 dólares americanos que se detalla en la siguiente tabla. Dicho monto es de acuerdo con la factura proforma N° 445/10 Bolivia de la empresa Metalurgia Souza Ltda – Av. Marechal Deodoro, 1267 – Tubarao/Brasil.

**Tabla 40.**
*Inversión en maquinarias y equipos de producción*

| Descripción | Modelo | Precio $us |
|---|---|---|
| Cajón de alimentación | CAS-1005 | 29.790,0 |
| Alimentadores | TMS-5/20R | 11.420,0 |
| Desintegrador de arcilla | DES-500 | 18.100,0 |
| Banda de transporte arcilla triturada | TMS-6/20R | 6.310,0 |
| Mezclador de doble eje | MM-3000/800 | 31.545,0 |
| Laminador-Refinador | LCM-500/602 | 31.560,0 |
| Extrusora al vacío | MSB-5 | 63.785,0 |
| Bomba de vacío | BVC-10M | 5.365,0 |
| Cortador automático | CMS-354/2600 | 11.445,0 |
| Cargador de carretillas | CAL-300 | 8.760,0 |
| Secador continuo de Túnel | MSS-5 | 61.230,0 |
| Horno Cedan | HC-14 | 221.667,76 |
| Tableros eléctricos (4) | | 12.360,00 |
| Total | | 513.337,8 |

NOTA: *Factura proforma mSSouza N° 445/10-BOL. enero 2018*

Empresa que ofrece garantía de 12 meses, proyectos de ubicación de las bases, manuales de instrucciones de todos los equipos, puesta en marcha, asesoramiento, visitas de supervisión del fabricante, embalaje y documentación hasta frontera.

La inversión en la construcción del horno CEDAN asciende a 205.873,42 dólares americanos.

A continuación, se detalla las maquinarias que serán utilizadas en el proceso de producción de ladrillo de 6 huecos con fibra de vidrio, los cuales estarán detallados en lo más posible de las maquinarias. (mSSouza N° 445/10-BOL. enero 2018).

**Tabla 41**
*Inversión en horno CEDAN de 12 cámaras.*

| Detalle | Unidad | Cantidad | P.UN (Bs) | Total (Bs) | Total ($us) |
|---|---|---|---|---|---|
| Ladrillos macizos ( 21x10x9 ): Paredes | Miles | 834,0 | 320,00 | 266.880,00 | 38.344,83 |
| Mano de obra | | 6,0 | 18.750,00 | 112.500,00 | 16.163,79 |
| Tapa de hornos | Pzas. | 16,0 | 6.454,07 | 103.265,09 | 14.836,94 |
| Bóveda | Miles | 133,0 | 6.000,00 | 798.000,00 | 114.655,17 |
| Revestimiento de Hornos | m | 16,0 | 1030,3 | 16.484,85 | 2.368,51 |
| Revestimiento F.F. 25 mm | m | 144,0 | 206,1 | 29.672,73 | 4.263,32 |
| Revestimiento con chapa N° 08 | PZAS | 16,0 | 494,5 | 7.912,73 | 1.136,89 |
| Hierro CA 25 1/2" | PZAS | 240,0 | 164,8 | 39.563,64 | 5.684,43 |
| Cimiento | Sacos | 160,0 | 70,0 | 11.200,00 | 1.609,20 |
| Alambre N° 01 | m$^3$ | 9,0 | 200,0 | 1.800,00 | 258,62 |
| Masa de Albañilería | m$^3$ | 290,0 | 50,0 | 14.500,00 | 2.083,33 |
| Arena Lavada | m$^3$ | 11,0 | 100,0 | 1.100,00 | 158,05 |
| Asistencia técnica | | 1,0 | 30000,0 | 30.000,00 | 4.310,34 |
| Total | | | | **1.432.879,03** | **205.873,42** |

NOTA: *Factura proforma mSSouza N° 446/10-BOL. enero 2013*

### 3.13.5. Inversión en sistema de agua propio

Comprende la compra de tanque de agua y de sistema de captación de agua propia, cuyos montos son detallados en la tabla siguiente.

**Tabla 42.**
*Inversión en perforación de pozo*

| Detalle | P.U $us | Unidad | | Total $us |
|---|---|---|---|---|
| Entubado y desarrollo | 80,14 | 115 | m | 9.216,10 |
| Provisión y colocación filtros | 143 | 15 | m | 2.145,00 |
| Provisión e instalación bomba | 8.700,00 | 1 | pza. | 8.700,00 |
| **Total** | | | | **20.061,10** |

NOTA: Cotización de la empresa "ING-TEC"

La provisión e instalación de bomba de agua, comprende la provisión de una bomba de agua sumergible eléctrica para el pozo.

La bomba de agua tendrá las siguientes características:

Potencia del motor  :  15 Hp
Caudal  :  30.000 l/h
Altura de bombeo  :  90 m
Tipo de bomba :  Turbina sumergible Jacuzzi

**Tabla 43**
*Provisión e instalación de bomba de agua expresada en dólares*

| Detalle | Total $us |
|---|---|
| Motor y bomba sumergible | 5.400,00 |
| Accesorios | 1.780,00 |
| Panel de control | 1.020,00 |
| Instalación | 500 |
| **Costo total** | **8.700,00** |

NOTA: *Cotización de la empresa "ING-TEC"*

El costo por metro lineal de perforación y revestimiento con tubo de PVC esquema 40 es de 80,14 $us.

### 3.13.6. Inversión en muebles y enseres

Comprende la compra de muebles para el área administrativa y centros de trabajo de oficina. El total alcanzado por esta inversión es de $us 2.775.

**Tabla 44.**
*Inversión en muebles expresado en dólares*

| Descripción | Cantidad | Precio ($us) | Total ($us) |
|---|---|---|---|
| Escritorios | 5 | 235 | 1.175 |
| Sillones | 5 | 120 | 600 |
| Sillas | 12 | 25 | 300 |
| Gabetero metálico | 5 | 60 | 300 |
| Estante | 5 | 80 | 400 |
| Total | | | 2.775 |

NOTA: Se muestra las descripciones de acuerdo con los tipos de muebles expresado en dólares

Son objetos que sirven para facilitar los usos y actividades habituales en casas, oficinas y otro tipo de locales.

### 3.13.7. Inversión en equipos de comunicación y computación

Es una inversión destinada a la comunicación de la empresa con el medio externo y comprende de tres líneas telefónicas y de un fax, contando cada jefatura de un teléfono celular corporativo, además de la adquisición de equipos de computación.

El total de la inversión necesaria para este ítem es de $us 7.740 (siete mil setecientos cuarenta 00/100 dólares americanos).

**Tabla 45**
*Inversión en equipos de comunicación y computación*

| Ítem | Cantidad | Precio ($us) | Total ($us) |
|---|---|---|---|
| Línea telefónica | 3 | 1.200 | 3.600 |
| Fax | 2 | 620 | 1.240 |
| Teléfonos corporativos | 6 | 50 | 300 |
| Equipos de computación | 4 | 650 | 2.600 |
| Total | | | 7.740 |

NOTA: *Inversión en equipos de comunicación y computación*

### 3.13.8. Subestación

El total de la inversión necesaria para este ítem es de $us 17.506 (diecisiete mil quinientos seis seiscientos dólares americanos).

**Tabla 46**
*Inversión en subestación eléctrica*

| Detalle | Costo en $us |
|---|---|
| Tablero de distribución red de baja tensión | 4.290 |
| Transformador de 500 kVA | 8.500 |
| Postes de concreto | 288 |
| Costo de mano de obra | 1.500 |
| Pararrayos | 278 |
| Cable ferrado unipolar de 380 mm$^2$ (84 m) | 1.700 |
| Obra civil en general | 695 |
| Llaves seccionadoras | 255 |
| Costo total | 17.506 |

NOTA: *Cotizaciones de inversión en subestación eléctrica*

**Características del transformador**

| | | |
|---|---|---|
| Potencia | : | 500 kVA |
| Voltaje primario | : | 24.900 V |
| Voltaje secundario | : | 400/231 V |
| Taps de regulación | : | ± 2 - 2,5 % |
| Frecuencia | : | 50Hz |
| Marca | : | ONAN |

## 3.13.9. Vehículos

La inversión requerida para este ítem es de $us 319.660 dólares americanos. En la tabla siguiente se detalla los motorizados requeridos.

**Tabla 47.**
*Inversión en vehículos ($u$)*

| Detalle | Cantidad | P. Unitario ($us) | Total ($us) |
|---|---|---|---|
| Volqueta | 1 | 95.600 | 95.600,00 |
| Vagoneta | 1 | 16.700 | 16.700,00 |
| Camioneta | 1 | 21.560 | 21.560,00 |
| Retroexcavadora | 1 | 110.000 | 110.000,00 |
| Montacargas | 1 | 75.800 | 75.800,00 |
| | Total | | 319.660,00 |

NOTA: *Cotización de TOYOSA*

### 3.13.10. Tanque de agua

El costo del tanque de agua cuya capacidad es de 18.000 litros es de 20.000 dólares americanos y será fabricado por la empresa de metal mecánica (CASAVI, 2023) de Santa Cruz.

### 3.13.11. Imprevistos

Para hacer frente a las erogaciones no previstas, se asigna un monto que equivale al 5% de la inversión fija.

### 3.13.12. Equipos de seguridad y señalizaciones

Los elementos de seguridad se componen de una serie de elementos que en un conjunto ayudan a preservar la vida y los bienes en un lugar específico disminuyendo el impacto de una emergencia cualquiera que ésta sea, las cuales se detallan a continuación los elementos de seguridad que deberán ser instalados de manera inicial:

**Tabla 48**
*Inversión en equipos de seguridad*

| Ítem | Detalle | Cantidad | Precio Unitario Bs | Total |
|---|---|---|---|---|
| 1 | Extintores de 8 Kg tipo ABC | 6 | 220 | 1320 |
| 2 | Botiquín de primeros auxilios básicos | 3 | 130 | 390 |
| 3 | Detector de humo | 2 | 120 | 240 |
| 4 | Señaléticas de material PVC de 30x20 cm | 10 | 8 | 80 |
| | Total | | | 2030 |

NOTA: *Cotización casa LITORAL*

- **EPP**

Se denomina así a cualquier equipo destinado a ser llevado o sujetado por el trabajador para que le proteja de uno o varios riesgos que puedan amenazar su seguridad o su salud en el trabajo, así como cualquier complemento o accesorio destinado a tal fin.

**Tabla 49.** *Inversión en EPP*

| Ítem | Imagen | Característica | Rango General | Cantidad Mes | Precio UnitarioBs | Costo Total Mensual |
|---|---|---|---|---|---|---|
| 1 | Casco industrial | Uso general para riesgos comunes, dan protección contra la acción de impactos moderados o leves, penetración de agua, juego, salpicaduras ígneas (sustancias calientes) o químicamente peligrosas. | • Visera<br>• Coraza<br>• Banda de Sudor<br>• Cinta<br>• Sistema de suspensión | 5 | 140 | 700 |
| 2 | | Dimensionales que aseguren una correcta adaptabilidad al pie, Capacidad de absorción del sudor de la primera suela Impermeabilidad al agua, disolventes, etc.<br><br>Flexibilidad, Buen diseño de cierre que impida la penetración de cuerpos extraños Livianas. | • Resistencia al impacto en caída libre<br>• Resistencia a la proyección de objetos a velocidad<br>• Resistencia alaplastamiento<br>• Resistencia a la perforación. | 5 | 330 | 1650 |
| 3 | Gafa de seguridad transparente | Se usa para evitar los riesgos de impactos de partículas sólidas y/o salpicaduras de líquidos. Se dividen en gafas, pantallas o protectores integrales. Debe no obstante tenerse en cuenta que las gafas sólo protegen los ojos. | • Resistencia de los oculares.<br>• Anteojos de seguridad tipo copa.<br>• Protege contra rayos infrarrojos y ultravioletas. | 10 | 40 | 400 |
| 4 | Protector auditivo de silicona | Protegen el sistema auditivo de los trabajadores cuando se encuentran expuestos en su trabajo a niveles de trabajo a niveles de ruidos<br><br>Los tapones auditivos son de uso exclusivamente personal y, por cuestiones de higiene, no deben utilizarlos otras personas. Las manos deben estar muy limpias al momento de insertárselos | • Nivel de atenuación<br>• Livianos<br>• Frescos<br>• Uso permanente<br>• Compatible<br>• Economía<br>• Facilidad suministro | 20 | 20 | 400 |

NOTA: *Elaboración propia…continuación*

**Tabla 50.** *Inversión en EPP*

| Item | Imagen | Característica | Rango General | Cantidad Mes | Precio UnitarioBs | Costo Total Mensual |
|---|---|---|---|---|---|---|
| 5 | Protector auditivo deCopa | Adaptables a cascos, Economía Impersonales, Repuestos, Prolongada vida útil Disponibilidad, Exposiciones e intermitentes | Nivel de atenuación Livianos Frescos Uso permanente Compatible Economía Facilidad suministro | 10 | 150 | 1500 |
| 6 | Respirador media cara | Filtros mecánicos: las partículas son retenidas en las fibras al pasar el aire a través de ellas. Filtros químicos: el contaminante suele ser retenido por: Adsorción (fijación de las moléculas del contaminante por fijación en la superficie de las partículas de carbón. | Purificadores de aire Retención mecánica Retención Química Respiradores de polvo Es Sensibilidad y grado de destreza | 10 | 200 | 2000 |
| 7 | Guante anticorte | Un alto % de accidentes de trabajo ocurre en manos, La Causa Guantes inadecuados o NO uso Pérdidas ocasionadas Disminución capacidad laboral Disminución producción Aumento costos (tasa adicional o prima seguros Las manos deben estar muy limpias al momento de insertárselos | • Agarre (en seco y/o húmedo) • Resistencia a la perforación o punzonado • Resistencia al calory humedad • Compatible • Economía • Facilidad suministro | 20 | 50 | 1000 |

### 3.13.13. Capacitación

La capacitación juega un papel primordial para el logro de tareas, solución de problemas y entre otros, dado que es el proceso mediante el cual las y los trabajadores adquieren los conocimientos, habilidades y actitudes para interactuar en el entorno laboral, por lo mencionado como capacitaciones primarias se detallan continuación las siguientes programadas.

### 3.14. Inversiones en activo diferido

Los activos diferidos son aquellos bienes intangibles, que implican inversiones los que posteriormente serán recuperados en plazos convencionales. Entre sus componentes se tiene: el estudio de factibilidad, el diseño final gastos de organización, gastos de pre - operación y puesta en marcha, intereses y los imprevistos.

En la tabla siguiente se muestra el resumen de los activos diferidos, lo cual se tiene un total de 18.617,1 $us.

**Tabla 51**
*Inversión en activos diferidos*

| Ítem | Detalle | Cantidad | Frecuencia | Precio Unitario Bs | Costo Total Bs |
|---|---|---|---|---|---|
| 1 | Capacitación en manejo de extintores y primeros auxilios básicos. | 11 (Todo el personal) | 1 vez al año | 110 | 1100 |
| 2 | Buenas prácticasde inocuidad | 5 (Personal de Producción) | 1 vez al año | 120 | 600 |

NOTA: La tabla muestra el costo total de la *Inversión en activos diferidos*

**Tabla 52**
*Resumen de la inversión diferida*

| Concepto | $us |
|---|---|
| Costo de estudio de factibilidad | 1,300.0 |
| Diseño Final | 4,000.0 |
| Montaje de equipos | 11,150.0 |
| Gastos de adiestramiento | 500.0 |
| Gastos de organización | 780.6 |
| Imprevistos (5%) | 886.5 |
| **Total** | **18,617.1** |

NOTA: *Muestra el cálculo de la inversión diferida*

### 3.14.1. Estudio del proyecto de factibilidad

Se ha determinado que el costo del estudio del proyecto de factibilidad es de 1.300 $us (mil trescientos dólares americanos), monto que incluye todos los gastos realizados en la elaboración del estudio.

### 3.14.2. Diseño final

El diseño final de ingeniería contempla, todas las especificaciones, planos detalles necesarios para que los proveedores interesados en la provisión de equipos o la construcción de obras civiles puedan presentar sus cotizaciones y ofertas. Se estima que los gastos por este concepto alcanzarán a la suma de $us 4.000.

### 3.14.3. Gastos de organización

Son todos los gastos referidos a los servicios que se requieren para organizar una empresa. Comprende todas las erogaciones efectuadas en servicios técnicos, legales y notariales que se exige para la constitución jurídica de la empresa. En la siguiente tabla se detalla dichas inversiones.

**Tabla 53**
*Gastos de organización*

| Concepto | Bs | $us |
|---|---|---|
| Minuta y protocolización de la constitución | 1,000.0 | 143.9 |
| Acta de la apertura | 120.0 | 17.3 |
| Libros de acta | 50.0 | 7.2 |
| Poder del representante legal | 200.0 | 28.8 |
| Poder para la tramitadora | 150.0 | 21.6 |
| Balance de apertura con solvencia | 300.0 | 43.2 |
| Publicación en el periódico | 400.0 | 57.6 |
| Inscripción en FUNDEEMPRESA | 455.0 | 65.5 |
| Inscripción en la Alcaldía municipal | 150.0 | 21.6 |
| Compra de libros de IVA con apertura de notario | 80.0 | 11.5 |
| Legalización de poderes o constitución | 120.0 | 17.3 |
| Facturas | 80.0 | 0.0 |
| Trabajo de tramitación | 2,400.0 | 345.3 |
| **Total** | **5,505.0** | **780.6** |

NOTA: *Se muestra los gastos de organización en bolivianos y $u$*

### 3.14.4. Montaje de la maquinaría

Incluye los honorarios, de la contratación de expertos nacionales y el grupo de personal nacional. Este ítem tiene un costo de $us .3000 para la empresa local que efectuará el montaje bajo la supervisión de personal de la firma cuyo monto estipulado es de 11.150 $us. y se lo realizará en los meses de instalación de la planta.

### 3.14.5. Gastos de adiestramiento

Dado que la maquinaria es de tecnología avanzada es preciso capacitar al personal de Planta en mantenimiento y funcionamiento en general de estas máquinas. Para cubrir con este requerimiento se requerirán de $us 500 para pagar al (los) capacitador (es).

### 3.14.6. Imprevistos

Para cubrir eventualidades y posibles omisiones se fija un 5% del total resultante de los ítems considerados.

## 3.15. Capital de Operación

Se establece el capital de operación para asegurar el pago de sueldos y salarios para los tres primeros meses y para la adquisición de materia prima.

**Tabla 54**
*Capital de operaciones*

| Concepto | $us |
|---|---|
| Sueldos y salarios para 3 meses | 35.260,6 |
| Materia prima e insumos | 186.467,59 |
| Total | 221.728,17 |

NOTA: *Muestra el cálculo del Suelos y Materia*

El pago de sueldos y salarios para los tres primeros meses son determinados de los costos y presupuestos. Los mismos que son resumidos la tabla siguiente.

*Calor requerido para calentar parrilla de deflectores*

| Detalle | N° empleados | Sueldos en $us/mes |
|---|---|---|
| Mano de obra directa | 20 | 6.791,4 |
| Mano de obra indirecta | 8 | 4.962,2 |
| Total | 28 | 11.753,5 |
| Sueldo de tres meses | | 35.260,6 |

NOTA: *Se muestra el capital para sueldo de 3 meses estimados*

El requerimiento de capital para la materia prima e insumos son determinados de los costos y presupuestos determinados de la tabla 50, correspondientes al año 2023. En la tabla 56 se detalla el requerimiento para los 3 primeros meses.

**Tabla 55**
*Capital de operaciones para materia prima e insumos de 3 meses*

| Concepto | Unidad | 2015 |
|---|---|---|
| Materia prima | Tn | 34,909 |
| Energía eléctrica | kWh | 997,406 |
| Gas natural | Kg | 76,372.5 |
| Agua para proceso | m³ | 6,499.8 |

| Concepto | Unidad | | 2015 |
|---|---|---|---|
| Materia prima | 18.02 | $us/Tn | 628,995 |
| Energía eléctrica | 0.0590 | $us/kwh | 58,840 |
| Gas natural | 0.26 | $us/Kg | 19,670 |
| Agua para proceso | 1.10 | $us/m³ | 7,150 |
| Total en $us | | | 714,654.4 |
| Total en $us para 3 meses | | | 178,663.6 |

NOTA: *Capital de operaciones para materia prima e insumos de 3 meses. Estimados.*

## 3.16. Resumen de la Inversión

En la tabla 57 se detalla el resumen de la inversión estimada, como se puede apreciar el monto total asciende a 1.964.157,3 dólares americanos.

**Tabla 56.**
*Resumen de la inversión total*

| Concepto | $us | Porcentaje |
|---|---|---|
| Inversión fija | 1,766,876.5 | 89.96% |
| Inversión diferida | 18,617.1 | 0.95% |
| Capital de operaciones | 178,663.60 | 9.10% |
| Total | 1,964,157.3 | 100.00% |

NOTA: *Se muestra el resumen de la inversión total*

## 3.17. Costos y Presupuestos

### 3.17.1. Costos variables

Los costos variables están relacionados al proceso de producción. En la tabla 56 se detallan los costos variables.

**a) Costos de mano de obra directa**

Los costos por incurrir en la mano de obra directa. En la cual se considera los beneficios sociales que son remuneraciones a los que tiene derecho el trabajador y mediante ley el empleador está obligado a pagar. Deducciones legales realizadas por la empresa al trabajador:

Las cargas sociales para la empresa son 34,83 %, proporción que es marcada al total que percibe el trabajador. En la siguiente tabla se detalla los costos de mano de obra directa.

**Tabla 57**
*Beneficios o cargas sociales*

| Detalle | Aportes (%) |
|---|---|
| Caja Nacional de Salud (CNS) | 10,00% |
| Administradora de Pensiones (AFP) | 3,00% |
| INFOCAL | 1,00% |
| Aguinaldo | 8,33% |
| Vacaciones | 4,17% |
| Cesantía o indemnizaciones | 8,33% |
| **Total** | **34,83%** |

NOTA: *Se muestra beneficios o cargas sociales*

**b) Costos de materia prima e insumos**

Los costos están relacionados a la adquisición de arcilla e insumos requeridos para el proceso. En la tabla 56 se detallan los costos relacionados a materia prima e insumos proyectados.

**Tabla 58.** *Costos de materia prima e insumos*

| Concepto | Unidad | | 2015 | 2016 | 2017 | 2018 | 2019 | 2020 | 2021 |
|---|---|---|---|---|---|---|---|---|---|
| Materia prima | Tn | | 34,909 | 40,078 | 45,006 | 49,686 | 54,109 | 58,266 | 62,147 |
| Energía eléctrica | kWh | | 997,406 | 1,145,082 | 1,285,898 | 1,419,612 | 1,545,977 | 1,664,735 | 1,775,620 |
| Gas natural | Kg | | 76,372.5 | 87,680.3 | 98,462.7 | 108,701.3 | 118,377.2 | 127,470.7 | 135,961.2 |
| Agua para proceso | m³ | | 6,499.8 | 7,462.1 | 8,379.8 | 9,251.1 | 10,075 | 10,849 | 11,571 |
| Concepto | | Unidad | 2015 | 2016 | 2017 | 2018 | 2019 | 2020 | 2021 |
| Materia prima | 18.02 | $us/Tn | 628,995 | 722,124 | 810,926 | 895,251 | 974,940 | 1,049,833 | 1,119,760 |
| Energía eléctrica | 0.0590 | $us/kwh | 58,840 | 67,552 | 75,859 | 83,747 | 91,202 | 98,207 | 104,749 |
| Gas natural | 0.26 | $us/Kg | 19,670 | 22,582 | 25,359 | 27,996 | 30,489 | 32,831 | 35,017 |
| Agua para proceso | 1.10 | $us/m³ | 7,150 | 8,208 | 9,218 | 10,176 | 11,082 | 11,933 | 12,728 |
| Total en $us | | | 714,654.4 | 820,466.3 | 921,362.3 | 1,017,170.3 | 1,107,712.4 | 1,192,804.0 | 1,272,254.5 |

NOTA: *Elaboración propia en base a proyección de producción*

**Tabla 59**
*Costos de mano de obra directa expresado en dólares*

| Descripción<br>Área de Producción | Calificación | Cantidad | Sueldos $us | | Beneficios<br>Sociales |
|---|---|---|---|---|---|
| | | | Mensual | Anual | |
| Mano de Obra Directa | | | | | |
| Galletera, cortador y cargador | NC | 2 | 748 | 9.727 | 1.563,6 |
| Apiladora sobre vagonetas | NC | 2 | 748 | 9.727 | 1.563,6 |
| Horneros | NC | 4 | 1.496 | 19.453 | 1.563,6 |
| Desapilado | NC | 4 | 1.151 | 14.964 | 1.202,8 |
| Transporte producto a patio | NC | 4 | 1.151 | 14.964 | 1.202,8 |
| Extracción de M.P | | | Mensual | Anual | Sociales |
| Chofer de volqueta | NC | 2 | 748 | 9.727 | 1.563,6 |
| Pala cargadora | NC | 1 | 374 | 4.863 | 1.563,6 |
| Excavadora | NC | 1 | 374 | 4.863 | 1.563,6 |
| **Total Mano de Obra Directa** | | 20 | 6.791,4 | 88.287,8 | 11.787,1 |

NOTA: Costos de mano de obra directa expresado en dolores

Tanto la operación de los hornos como el secador tendrán un funcionamiento de 24 h/día durante 7 días/semana, se establece una jornada laboral de 3 turnos de 8 horas.

### 3.17.2. Resumen de los costos variables

El presupuesto de los costos variables es detallado en la siguiente tabla.

**Tabla 60.**
*Resumen de costos variables expresado en $us*

| Concepto | 2015 | 2016 | 2017 | 2018 | 2019 | 2020 | 2021 |
|---|---|---|---|---|---|---|---|
| M.DO. | 88,287.8 | 88,287.8 | 88,287.8 | 88,287.8 | 88,287.8 | 88,287.8 | 88,287.8 |
| Beneficios Sociales | 11,787.1 | 11,787.1 | 11,787.1 | 11,787.1 | 11,787.1 | 11,787.1 | 11,787.1 |
| Materiales directos | 714,654 | 820,466 | 921,362 | 1,017,170 | 1,107,712 | 1,192,804 | 1,272,254 |
| Indirectos | 57,172.4 | 65,637.3 | 73,709.0 | 81,373.6 | 88,617.0 | 95,424.3 | 101,780.4 |
| Imprevistos 2 % | 17,438.0 | 19,723.6 | 21,902.9 | 23,972.4 | 25,928.1 | 27,766.1 | 29,482.2 |
| **Total costo** | 889,339.6 | 1,005,902.0 | 1,117,049.1 | 1,222,591.2 | 1,322,332.3 | 1,416,069.2 | 1,503,591.9 |

NOTA: Se muestra el resumen de los costos variables expresados en $u$

### 3.18. Costos Fijos

Los costos fijos son todos aquellos en que el proyecto incurre durante su operación y tienen la particularidad de no depender de la variación de producción de la planta.

### 3.18.1. Costo de mano de obra indirecta

En este costo se considera el personal de administración y de ventas, en la tabla siguiente se detalla los montos a incurrir contemplando los beneficios sociales.

Se contemplan tres ingenieros industriales, uno como jefe de producción, otro como jefe de control de calidad y el último como encargado de ventas.

**Tabla 61**
*Costos de mano de obra indirecta expresada en dólares*

| Descripción | Calif. | Cantidad | Sueldos $us | | Beneficios |
|---|---|---|---|---|---|
| Área de Producción | | | Mensual | Anual | Sociales |
| **Mano de Obra Directa** | | | | | |
| Galletera, cortador y cargador | NC | 2 | 748 | 9.727 | 1.563,6 |
| Apiladora sobre vagonetas | NC | 2 | 748 | 9.727 | 1.563,6 |
| Horneros | NC | 4 | 1.496 | 19.453 | 1.563,6 |
| Desapilado | NC | 4 | 1.151 | 14.964 | 1.202,8 |
| Transporte producto a patio | NC | 4 | 1.151 | 14.964 | 1.202,8 |
| **Extracción de M.P** | | | Mensual | Anual | Sociales |
| Chofer de volqueta | NC | 2 | 748 | 9.727 | 1.563,6 |
| Pala cargadora | NC | 1 | 374 | 4.863 | 1.563,6 |
| Excavadora | NC | 1 | 374 | 4.863 | 1.563,6 |
| **Total Mano de Obra Directa** | | 20 | 6.791,4 | 88.287,8 | 11.787,1 |

NOTA: *Se muestra las descripciones por área de producción expresados en dólares*

a) **Costo de ropa de trabajo**
Los costos de ropa de trabajo que se realizan son para que se preserve la seguridad del mismo personal.

**Tabla 62**
*Costos de ropa de trabajo de Mano de obra directa*

| Ítem | N° Trabajadores | Cantidad Año | Costo ($us) Unitario | Total |
|---|---|---|---|---|
| Ropa de trabajo |  | 40 | 10 | 400 |
| Cascos |  | 40 | 8 | 320 |
| Botines |  | 40 | 23 | 920 |
| Guantes de cuero | 20 | 240 | 2 | 480 |
| Barbijos |  | 80 | 1 | 80 |
| Tapa oídos |  | 120 | 0,7 | 84 |
| Gafas |  | 80 | 5 | 400 |
| Total ($us) |  |  |  | 2.684 |

NOTA: *Costos de ropa de trabajo de mano de obra directa a base cotizaciones de proveedores de S.C.*

**b) Costos de mantenimiento**

Los costos de mantenimiento se deducen aplicando una tasa anual de 1%, 2% y 3 % a los activos fijos, en la siguiente tabla se muestra los montos incurridos.

**Tabla 63**
*Costos de mantenimiento*

| Detalle | Inversión $us | Tasa %/año | Costo $us/año |
|---|---|---|---|
| Obras civiles | 342,453 | 1.0% | 3,424.5 |
| Maquinarias y equipos | 719,211 | 3.0% | 21,576.3 |
| Muebles y enseres | 2,775 | 2.0% | 55.5 |
| Vehículos | 319,66 | 2.0% | 6,393.2 |
| Total | 1,384,100 |  | 31,449.6 |

NOTA: *Se muestran los detalles de los costos de mantenimiento anuales expresados en dólares*

**c) Costos del seguro**

Se detalla el pago al seguro de acuerdo con las tasas establecidas para cada ítem y cuyo costo anual es de 12.754,2 dólares.

**Tabla 64**
*Costos del seguro*

| Inversión $us | Tasa %/año | Costo $us/año |
|---|---|---|
| 342,453 | 0,50% | 1.712,30 |
| 719,211 | 1,00% | 7.192,10 |
| 2,775 | 0,50% | 13,9 |
| 319,66 | 1,20% | 3.835,90 |
| **1,384,100** | | **12.754,20** |

NOTA: *Se muestran los costos del seguro en base a tabla de inversiones fijas*

### d) Costo de depreciación de activos fijos

Los activos fijos debido al deterioro, obsolescencia y uso sufren una disminución de su valor, por lo tanto, es necesario tomar en cuenta una partida anual como reemplazo por su depreciación en la actividad productiva, considerando la vida útil de dichos activos y tomando en cuenta la vida del proyecto que es de 7 años.

Para la depreciación existen disposiciones legales las cuales determinan la valoración de depreciación por unidad de tiempo y la vida útil de los bienes (decreto 24051), en la tabla 66 se detalla el costo por depreciación de los activos fijos.

**Tabla 65**
*Depreciación de activos fijos*

| Inversión $us | Vida útil (año) | Valor en $us Anual | Valor en $us Residual |
|---|---|---|---|
| 250.000 | | | 250.000,0 |
| 342.453 | 40 | 8.561,3 | 282.524,1 |
| 719.211 | 15 | 47.947,4 | 383.579,3 |
| 2.775 | 4 | 693,8 | 0,0 |
| 319.660 | 10 | 31.966,0 | 95.898,0 |
| 2.775 | 4 | 693,8 | 694 |
| **1.636.874,7** | | **89.862,2** | **1.012.695,2** |

NOTA: *Depreciación de activos fijos a base de la tabla de inversiones fijas*

*e)* **Amortización de la inversión diferida**
La inversión diferida se la realiza en la etapa de instalación u preparación de acuerdo con ley 1606, y se restituye a través del rubro denominado amortización diferida (AD) a partir del primer periodo de funcionamiento del proyecto.
La inversión diferida debe ser amortizada en los 5 primeros años del proyecto en funcionamiento.

**Tabla 66**
*Depreciación de inversión diferida*

| Inversión diferida | $us | Amortización Anual |
|---|---|---|
| Costo de estudio de factibilidad | 1,3 | 260 |
| Diseño Final | 4 | 800 |
| Montaje de equipos | 11,15 | 2230,00 |
| Gastos de adiestramiento | 500 | 100 |
| Gastos de organización | 781 | 156.12 |
| **TOTAL** | **17,730.60** | **3,546.12** |

NOTA: *En base a tabla de inversiones intangibles*

**f) Amortización del préstamo financiero**
La amortización del préstamo bancario es tomada como costos fijos, el pago de los montos de la amortización se lo realiza trimestralmente y son detallados en el capítulo de financiamiento

**Tabla 67**
*Amortización del préstamo expresado en dólares*

| Ítem | 2023 | 2024 | 2025 | 2026 | 2027 |
|---|---|---|---|---|---|
| Intereses | 61,632 | 49,609 | 36,898 | 23,461 | 9,255 |
| Amortización | 210,238 | 222,261 | 234,972 | 248,409 | 262,615 |
| Total | 271,870 | 271,870 | 271,870 | 271,870 | 271,870 |

NOTA: *Amortización del préstamo expresado en dólares (2023-2027)*

**g) Resumen de los costos fijos**
Los costos fijos que no dependen de los volúmenes de producción y que son detallados en la siguiente tabla

**Tabla 68**
*Resumen de los costos fijos expresados en dólares*

| DETALLE | 2023 | 2024 | 2025 | 2026 | 2027 | 2028 | 2029 |
|---|---|---|---|---|---|---|---|
| Mano de obra indirecta | 79,839 | 79,839 | 79,839 | 79,839 | 79,839 | 79,839 | 79,839 |
| Mantenimiento | 31,45 | 31,45 | 31,45 | 31,45 | 31,45 | 31,45 | 31,45 |
| Servicios públicos | 1,334 | 1,347 | 1,361 | 1,374 | 1,388 | 1,402 | 1,416 |
| Seguros | 12,754 | 12,754 | 12,754 | 12,754 | 12,754 | 12,754 | 12,754 |
| Combustible | 62,357 | 62,981 | 63,611 | 64,247 | 64,889 | 65,538 | 66,194 |
| Comunicaciones | 2,142 | 2,275 | 2,417 | 2,568 | 2,569 | 2,57 | 2,571 |
| Depreciación | 89,862 | 89,862 | 89,862 | 89,862 | 89,862 | 89,862 | 89,862 |
| Inversión diferida | 3,546 | 3,546 | 3,546 | 3,546 | 3,546 | | |
| Amortización préstamo | 271,87 | 271,87 | 271,87 | 271,87 | 271,87 | | |
| Ropa de trabajo | 2,684 | 2,684 | 2,684 | 2,684 | 2,684 | 2,684 | 2,684 |
| TOTAL | 557,839 | 558,609 | 559,395 | 560,195 | 560,853 | 286,1 | 286,771 |

NOTA: *Resumen de los costos fijos expresados en dólares*

### 3.19. Costos Totales

Los costos totales son el resultado de la suma de los costos fijos y variables. En la siguiente tabla se detallan los costos deducidos de tablas anteriores.

**Tabla 69**
*Costos totales proyectados de producción de ladrillos ($us)*

| Descripción | 2023 | 2024 | 2025 | 2026 | 2027 | 2028 | 2029 |
|---|---|---|---|---|---|---|---|
| Costos variables | 889,339.60 | 1,005,902.00 | 1,117,049.10 | 1,222,591.20 | 1,322,332.30 | 1,416,069.20 | 1,503,591.90 |
| Costos fijos | 557,838.80 | 558,609.40 | 559,394.70 | 560,195.40 | 560,852.60 | 286,100.20 | 286,770.60 |
| Costos totales | 1,447,178.50 | 1,564,511.40 | 1,676,443.70 | 1,782,786.60 | 1,883,184.90 | 1,702,169.40 | 1,790,362.50 |

NOTA*: Elaboración a base a las tablas resúmenes de costos fijos y variables*

### 3.19.1. Costos unitarios

En base a los costos fijos y variables se determina los costos unitarios de producción.

**Tabla 70**
*Costos unitarios proyectados de producción expresado en dólares y en bolivianos*

| Descripción | 2023 | 2024 | 2025 | 2026 | 2027 | 2028 | 2029 |
|---|---|---|---|---|---|---|---|
| Costos variables | 889,339.60 | 1,005,902.00 | 1,117,049.10 | 1,222,591.20 | 1,322,332.30 | 1,416,069.20 | 1,503,591.90 |
| Costos fijos | 557,838.80 | 558,609.40 | 559,394.70 | 560,195.40 | 560,852.60 | 286,100.20 | 286,770.60 |
| Costos totales | 1,447,178.50 | 1,564,511.40 | 1,676,443.70 | 1,782,786.60 | 1,883,184.90 | 1,702,169.40 | 1,790,362.50 |
| N° Ladrillos | 11,464,438 | 13,161,865 | 14,780,432 | 16,317,378 | 17,769,847 | 19,134,881 | 20,409,421 |
| C. Uni, $us/Ladrillo | 0.126 | 0.119 | 0.113 | 0.109 | 0.106 | 0.089 | 0.088 |
| C. Unitario Bs/Ladrillo | 0.877 | 0.826 | 0.788 | 0.759 | 0.737 | 0.618 | 0.61 |

NOTA: *Costos unitarios proyectados de producción expresado en dólares y en bolivianos en base a Cotización dólar (6.95 Bs)*

Como se aprecia el costo unitario, el precio de un ladrillo para cada año expresado en bolivianos va disminuyendo en el tiempo debido a que se va cubriendo los costos contraídos con el ente financiero.

### 3.20. Ingresos por la Venta de Ladrillos

Se ha tomado como base el precio de venta de ladrillo cuyo precio de venta en fábrica es de 1. Bs/ladrillo.

**Tabla 71**
*Ingresos proyectados de la venta de ladrillos ($us)*

| Detalle | Unidad | 2023 | 2024 | 2025 | 2026 | 2027 | 2028 | 2029 |
|---|---|---|---|---|---|---|---|---|
| N° ladrillos | Pzas | 11.464.438 | 13.161.865 | 14.780.432 | 16.317.378 | 17.769.847 | 19.134.881 | 20.409.421 |
| Ingreso | $us | 1.649.559 | 1.893.794 | 2.126.681 | 2.347.824 | 2.556.813 | 2.753.220 | 2.936.607 |

NOTA: *Ingresos proyectados de la venta de ladrillos ($U$) en base a Cotización dólar (6.95 Bs)*

### 3.20.1. Punto de equilibrio

Como se aprecia en la tabla 73, en el primer año la venta y producción se alcanza el punto de equilibrio con la venta de 10.057.890 ladrillos con la cual los ingresos igualan a los costos obtenidos en el primer año de gestión.

*Tabla 72*
*Puntos de equilibrio alcanzados en los años del proyecto*

| Año | Venta anual Ladrillos | Ingresos $us | Costos ($us) Fijos | Variables | Total | Producción de eq. N° Ladrillos | % |
|---|---|---|---|---|---|---|---|
| 2023 | 11.464.438 | 1.649.559 | 557,839 | 889,340 | 1,447,178 | 10,057,890.40 | 87.73% |
| 2024 | 13.161.865 | 1.893.794 | 558,609 | 1,005,902 | 1,564,511 | 10,873,354.00 | 82.61% |
| 2025 | 14.780.432 | 2.126.681 | 559,395 | 1,117,049 | 1,676,444 | 11,651,284.00 | 78.83% |
| 2026 | 16.317.378 | 2.347.824 | 560,195 | 1,222,591 | 1,782,787 | 12,390,366.60 | 75.93% |
| 2027 | 17.769.847 | 2.556.813 | 560,853 | 1,322,332 | 1,883,185 | 13,088,134.80 | 73.65% |
| 2028 | 19.134.881 | 2.753.220 | 286,100 | 1,416,069 | 1,702,169 | 11,830,077.40 | 61.82% |
| 2029 | 20.409.421 | 2.936.607 | 286,771 | 1,503,591.90 | 1,790,363 | 12,443,019.50 | 60.97% |

NOTA: *Puntos de equilibrio alcanzados en los años del proyecto en base a tablas anteriores*

En la gráfica siguiente se puede apreciar las pérdidas y utilidades que resultan de los puntos de equilibrio proyectados.

**Diagrama 4.**
*Puntos de equilibrio proyectados*

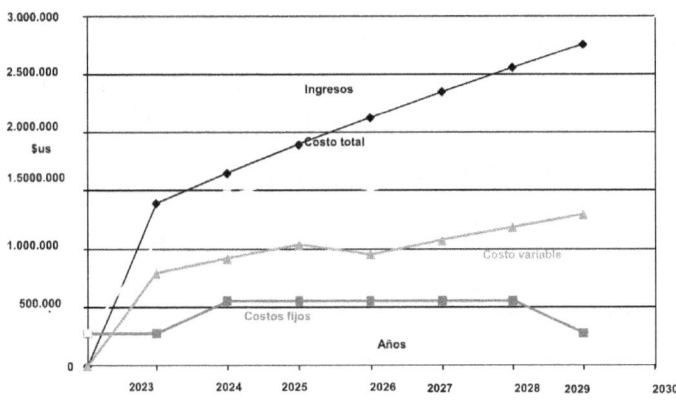

NOTA: *Se muestra la representación gráfica de los puntos de equilibrio proyectados*

### 3.21. Financiamiento

La obtención de recursos financieros con destino a la implementación de las actividades productivas de bienes o servicios se denomina financiamiento y es el mecanismo mediante el cual se asigna recursos al proyecto.

### 3.21.1. Necesidades de capital

El monto total de la inversión, que debe realizarse en el inicio de la empresa es de 2.157.459,2 dólares americanos.

**Tabla 73**
*Estructura de la inversión*

| Estructura de la Inversión | Porcentaje | $us | Bs. |
|---|---|---|---|
| Financiado | 60,0% | 1,178,494.40 | 8,013,761.60 |
| Aporte propio | 40,0% | 785,662.90 | 5,342,507.70 |
| Total de Inversión | 100% | 1,964,157.30 | **13,356,269.30** |

NOTA: *Se muestra la estructura de la inversión en bolivianos y en dólares.*

### 3.21.2. Fuentes de financiamiento

Las alternativas de financiamiento son las diferentes opciones de obtener un crédito en el sistema financiero nacional para la implementación del proyecto Planta de ladrillos de 6 huecos, seleccionando aquella alternativa y las ventajas comparativas, respecto a otras en términos de plazo, costo financiero, facilidad de tramitación y año de gracia. Entre las entidades financieras que pueden financiar la implementación de este proyecto con el Banco Económico, o el Banco Mercantil de Santa Cruz.

Se analizaron ambas alternativas, y se optó por la mejor opción de financiamiento para el proyecto que es la del Banco Económico. A continuación, se detallan las condiciones crediticias que ofrecen las entidades financieras referidas:

**Tabla 74**
*Banco Mercantil de Santa Cruz*

| Banco Mercantil de Santa Cruz | | |
|---|---|---|
| Plazo | : | 5 años. |
| Tasa de Interés anual | : | 12% Anual. |
| Periodo de Amortización | : | Trimestral. |
| Monto | : | 1,178,494.4$us |

| Tipo de moneda | : | dólar estadounidense |
|---|---|---|
| Garantía | : | Hipotecarias de las Máquinas |
| **Banco Económico** | | |
| Plazo | : | 5 años. |
| Tasa de Interés | : | 10 % Anual. |
| Monto | : | 1,178,494.4$us |
| Periodo de Amortización | : | Trimestral. |
| Tipo de moneda | : | dólar estadounidense. |
| Garantía | : | Hipotecaria |

NOTA: *En la tabla siguiente se establece el pago al servicio de la deuda.*

**Tabla 75**
*Servicio a la deuda expresada en dólares*

| Periodo | Monto | Interés | Amortización | Cuota fija |
|---|---|---|---|---|
| 0 | 1,178,494.35 | | | |
| 1 | 1127025.77 | 16498.92 | 51468.59 | 67,967.51 |
| 2 | 1074836.62 | 15778.36 | 52189.15 | 67,967.51 |
| 3 | 1021916.82 | 15047.71 | 52919.8 | 67,967.51 |
| 4 | 968256.15 | 14306.84 | 53660.67 | 67,967.51 |
| 5 | 913844.23 | 13555.59 | 54411.92 | 67,967.51 |
| 6 | 858670.54 | 12793.82 | 55173.69 | 67,967.51 |
| 7 | 802724.42 | 12021.39 | 55946.12 | 67,967.51 |
| 8 | 745995.05 | 11238.14 | 56729.37 | 67,967.51 |
| 9 | 688471.47 | 10443.93 | 57523.58 | 67,967.51 |
| 10 | 630142.56 | 9638.6 | 58328.91 | 67,967.51 |
| 11 | 570997.05 | 8822 | 59145.51 | 67,967.51 |
| 12 | 511023.5 | 7993.96 | 59973.55 | 67,967.51 |
| 13 | 450210.32 | 7154.33 | 60813.18 | 67,967.51 |
| 14 | 388545.76 | 6302.94 | 61664.56 | 67,967.51 |
| 15 | 326017.89 | 5439.64 | 62527.87 | 67,967.51 |
| 16 | 262614.63 | 4564.25 | 63403.26 | 67,967.51 |
| 17 | 198323.73 | 3676.6 | 64290.9 | 67,967.51 |
| 18 | 133132.75 | 2776.53 | 65190.98 | 67,967.51 |
| 19 | 67029.1 | 1863.86 | 66103.65 | 67,967.51 |
| 20 | 0 | 938.41 | 67029.1 | 67,967.51 |

NOTA: *Elaboración en base a modalidad de pago establecido por el ente financiero*

### 3.21.3. Fuentes y uso de fondos

En la siguiente tabla se detallará el origen y destino de los recursos que provienen del aporte propio como también del capital financiado para el proyecto:

- **Capacidad de Pago**

Según la tabla 76 (fuentes y usos) el proyecto muestra cierto grado de liquidez o capacidad de pago adecuado. Hasta llegar al séptimo año a alcanzar un saldo acumulado de $us 2.391.535.

**Tabla 76**
*Fuentes y usos de fondos (en dólares americanos)*

| Detalle | Año 0 | Año 1 | Año 2 | Año 3 | Año 4 | Año 5 | Año 6 | Año 7 |
|---|---|---|---|---|---|---|---|---|
| **Fuentes** | | | | | | | | |
| Aporte Propio | 785.663 | | | | | | | |
| Financiado | 1.178.494 | | | | | | | |
| Amortización Intangibles | | 3.546 | 3.546 | 3.546 | 3.546 | 3.546 | | |
| Utilidad Neta | | -100.509 | -27,02 | 43,352 | -288,174 | 172,816 | 330,796 | 2.463,040 |
| Valor residual | | | | | | | | 1.012.695 |
| Depreciación | | 25,231 | 25,231 | 25,231 | 25,231 | 25,231 | 0 | 0 |
| Total fuentes | 1.964.157 | -71,731 | 1,757 | 72,13 | -259,397 | 201,594 | 330,796 | 3.475,736 |
| **Usos** | | | | | | | | |
| Inversión Fija | 1.766.877 | | | | | | | |
| Inversión Diferida | 18.617 | | | | | | | |
| Cap. de operaciones | 178.664 | | | | | | | |
| Amortización del crédito | | 271,87 | 271,87 | 271,87 | 271,87 | 271,87 | 0 | 0 |
| Total usos | 1.964.157 | 271,87 | 271,87 | 271,87 | 271,87 | 271,87 | 0 | 0 |
| Déficit o superávit | 0 | -343,601 | -270,113 | -199,74 | -531,267 | -70,276 | 330,796 | 3.475,736 |
| Saldo acumulado | 0 | -343,601 | -613,714 | -813,454 | -1.344,721 | -1.414,997 | -1.084,201 | 2.391,535 |

NOTA: *Fuentes y usos de fondos en base a dólares americanos*

El flujo neto es obtenido del flujo de caja con financiamiento desarrollado en el capítulo de evaluación del proyecto.

## 3.22. Evaluación Económica y Financiera

### 3.22.1. Evaluación Económica del Proyecto

Los indicadores de evaluación son los instrumentos que permiten medir la progresión hacia las metas propuestas.

La evaluación económica de un proyecto se la realiza con dos fines posibles tomar una decisión de rechazo o aceptación de un proyecto individual o decidir el ordenamiento de un proyecto en función de su rentabilidad cuando estos son mutuamente excluyentes. Cualquier caso las técnicas de evaluación son las mismas lo que interesa es la interpretación de los resultados.

Existen diferentes técnicas de evaluación de proyectos entre las cuales tenemos: técnicas basadas en los flujos descontados (VAN, TIR) y sin descontar como la recuperación de la inversión y retorno sobre la inversión.

### 3.22.2. Determinación del costo del capital de mercado

El costo de capital o tasa de actualización se estima basándose en el concepto de la tasa de corte, que representa un costo ponderado del financiamiento de acuerdo con los porcentajes de participación de los inversionistas y financiadores.

Para determinar la tasa de corte, se toman en cuenta las tasas de interés del financiamiento bancario y el rendimiento del aporte propio.

**Tabla 77**
*Determinación de la tasa de actualización*

| Detalle | Monto $us | Participación | Tasa exigida | Tasa de corte |
|---|---|---|---|---|
| Financiado | 1,178,494.35 | 60.00% | 10.00% | 6.00% |
| Aporte propio | 785,662.90 | 40.00% | 14.00% | 5.60% |
| Total, de inversión | 1,964,157.25 | 100.00% | | **11.60%** |

NOTA: *Determinación de la tasa de actualización en porcentajes*

Resultando 11.6 % la tasa ponderada del capital sin tomar en cuenta inflación ni riesgos.

### 3.22.3. Valor Actual Neto

El Valor Actual Neto es la actualización de los flujos de caja del proyecto a una tasa de descuento equivalente al costo de capital y realizando su correspondiente suma algebraica.

La forma de decisión para saber si la inversión es rentable o no, se adopta según las siguientes reglas.

VAN $\geq$ 0; El proyecto es factible. VAN $<$ 0; El proyecto no es factible.

**Tabla 78.** *Flujo de fondos con financiamiento expresado en dólares*

| Concepto/año | 0 | 2015 | 2016 | 2017 | 2018 | 2019 | 2020 | 2021 |
|---|---|---|---|---|---|---|---|---|
| Inversión inicial y reposición | -1,964,157.30 | | | | | -2,775.00 | | |
| Financiamiento | 1,178,494.40 | | | | | | | |
| Ingresos por ventas | | 1,649,559.40 | 1,893,793.50 | 2,126,680.90 | 2,347,824.20 | 2,556,812.50 | 2,753,220.30 | 2,936,607.30 |
| Recuperación Capital de trabajo | | | | | | | -178,663.60 | |
| Valor Residual | | | | | | | | 1,012,695.20 |
| Total ingresos o egresos | -785,662.90 | 1,649,559.40 | 1,893,793.50 | 2,126,680.90 | 2,347,824.20 | 2,554,037.50 | 2,574,556.70 | 3,949,302.50 |
| Costos y gastos | | 1,081,900.10 | 1,199,233.00 | 1,311,165.30 | 1,417,508.20 | 1,517,906.50 | 1,612,307.20 | 1,700,500.30 |
| Depreciación | | 89,862.20 | 89,862.20 | 89,862.20 | 89,862.20 | 89,862.20 | 89,862.20 | 89,862.20 |
| Amortización Intangible | | 3,546.10 | 3,546.10 | 3,546.10 | 3,546.10 | 3,546.10 | | |
| Gastos financieros (Intereses) | | 271,870.00 | 271,870.00 | 271,870.00 | 271,870.00 | 271,870.00 | | |
| Utilidad antes de Impuestos | | 85,048.10 | 217,349.80 | 343,894.30 | 464,639.30 | 576,451.90 | 784,194.20 | 3,859,440.30 |
| Impuesto Utilidades | | 21,262.00 | 54,337.40 | 85,973.60 | 116,159.80 | 144,113.00 | 196,048.50 | 964,860.10 |
| Impuesto a las transacciones | | 49,486.80 | 56,813.80 | 63,800.40 | 70,434.70 | 76,704.40 | 82,596.60 | 88,098.20 |
| Débito Fiscal | | 214,442.70 | 246,193.20 | 276,468.50 | 305,217.10 | 332,024.90 | 334,692.40 | 513,409.30 |
| Crédito fiscal | | 99,634.90 | 112,974.90 | 125,700.70 | 137,792.40 | 149,206.60 | 159,939.60 | 169,967.70 |
| IVA | | 114,807.90 | 133,218.80 | 150,767.80 | 166,219.20 | 182,818.30 | 174,752.70 | 343,441.60 |
| Total Impuesto a pagar | | 185,556.70 | 244,370.10 | 300,541.80 | 752,813.80 | 403,635.70 | 453,397.90 | 1,396,399.90 |
| Utilidad neta | | -100,508.60 | -27,020.30 | 43,352.50 | -288,174.50 | 172,816.30 | 330,796.30 | 2,463,040.40 |
| Depreciación | | 89,862.20 | 89,862.20 | 89,862.20 | 89,862.20 | 89,862.20 | 89,862.20 | 89,862.20 |
| Amortización intangibles | | 3,546.10 | 3,546.10 | 3,546.10 | 3,546.10 | 3,546.10 | | |
| Amortización préstamo | | 271,870.00 | 271,870.00 | 271,870.00 | 271,870.00 | 271,870.00 | | |
| FLUJO NETO | -785,662.90 | 264,769.80 | 338,258.10 | 406,630.90 | 77,103.90 | 538,094.70 | 420,658.50 | 2,552,902.60 |
| Tasa de descuento | 11.60% | (1+i) = | 1.12 | | | | | |
| Valor actualizado | -785,662.90 | 237,249 | 271,594 | 293,994 | 49,707 | 310,841 | 217,743 | 1,184,090 |
| | VAN = | 1,779,555.40 | | | TIR = | 46.39% | | |

**Diagrama 5.**
Flujos netos actualizados con y sin financiamiento

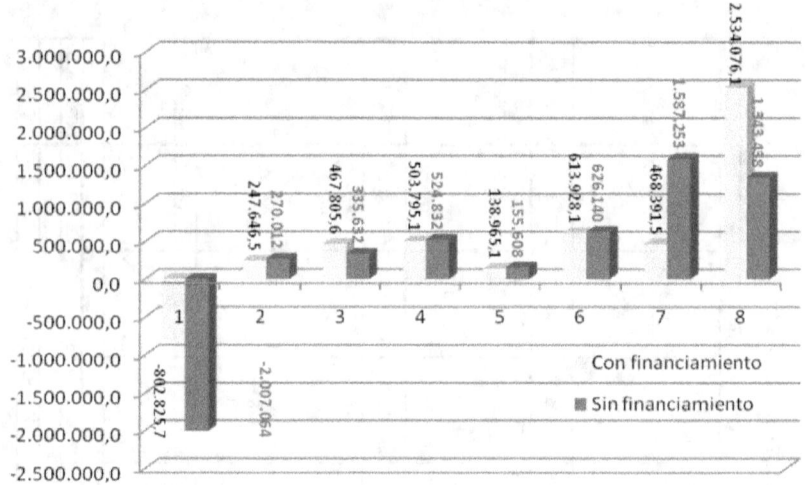

NOTA: *Representación gráfica en base a flujos netos con y sin financiamiento*

Como se aprecia en la gráfica el VAN con financiamiento es mayor al VAN sin financiamiento, denotando el efecto palanca que hace favorable a los proyectos financiados.

### 3.22.4. Tasa Interna de Retorno

La Tasa Interna de Retorno es aquella tasa de interés que hace igual a cero el valor actual de un flujo de ingresos netos futuros: este porcentaje se interpreta como la tasa de interés que rinde la inversión si se presenta la reinversión de los excedentes del proyecto.

La Tasa Interna de Retorno es interpretada de la siguiente manera: TIR ≥ Costo de Oportunidad del Capital; El proyecto es factible.

TIR < Costo de Oportunidad del Capital; El proyecto no es factible. La ecuación de interpolación utilizada es:

$$TIR = i_1 + (i_2 - i_1)\left[\frac{VAN_1}{VAN_1 + VAN_2}\right]$$

Donde:

i1 : Tasa de descuento del último VAN positivo
I2 : Tasa de descuento del último VAN negativo
VAN1 : Valor Actual Neto, obtenido con i2
VAN2 : Valor Actual Neto, obtenido con i1

## 3.22.5. Rentabilidad Sobre la Inversión (RI)

El retorno sobre la inversión es un método complementario que muestra cuanto retorna por cada moneda invertida en porcentaje donde compara los flujos netos del primer año con la inversión, se puede realizar para cada gestión tomando en cuenta si hay reinversión.

**Ecuación 11**
*Rentabilidad Sobre la Inversión (RI)*

$$RI = \frac{\text{Flujo del primer año}}{\text{Inversión total}} \times 100 = 13{,}48\,\% \; (1er\;año)$$

El retorno sobre la inversión es aceptable porque el punto de equilibrio se da en el primer año como también en los siguientes años.

**Tabla 79**
*Rentabilidad sobre la inversión*

| Año | % de rentabilidad | |
|---|---|---|
| | Financiado | No financiado |
| Año 1 | 13.48% | 14.50% |
| Año 2 | 17.22% | 18.04% |
| Año 3 | 20.80% | 21.40% |
| Año 4 | 3.93% | 4.30% |
| Año 5 | 27.40% | 27.54% |
| Año 6 | 21.42% | 76.69% |
| Año 7 | 129.97% | 65.04% |

NOTA: *Rentabilidad sobre la inversión en base a flujos netos con y sin financiamiento*

### 3.22.6. Periodo de Recuperación de la Inversión

Es otro método que se utiliza como un indicador complementario de evaluación de proyectos. Con este método se mide el tiempo en el cual se recupera la inversión total a partir del flujo neto del proyecto sin tomar en cuenta la ocurrencia en el tiempo.

**Tabla 80**
*Periodo de recuperación de la inversión*

| Año | Flujos | Acumulado | | Inversión |
|---|---|---|---|---|
| 2015 | 264,769.8 | 264,769.8 | < | 1,964,157.3 |
| 2016 | 338,258.1 | 603,027.9 | < | 1,964,157.3 |
| 2017 | 408,630.9 | 1,011,658.8 | < | 1,964,157.3 |
| 2018 | 77,103.9 | 1,088,762.7 | < | 1,964,157.3 |
| 2019 | 538,094.7 | 1,626,857.4 | < | 1,964,157.3 |
| 2020 | 420,658.5 | 2,047,515.9 | > | 1,964,157.3 |
| 2021 | 2,552,902.6 | 4,600,418.6 | > | 1,964,157.3 |
| **PERIODO DE RECUPERACIÓN SIN FINANCIAMIENTO** | | | | |
| Año | Flujos | Acumulado | | Inversión |
| 2015 | 284,802.0 | 284,802.0 | < | 1,964,157.3 |
| 2016 | 354,239.9 | 639,041.9 | < | 1,964,157.3 |
| 2017 | 420,420.5 | 1,059,462.3 | < | 1,964,157.3 |
| 2018 | 84,435.1 | 1,143,897.5 | < | 1,964,157.3 |
| 2019 | 540,927.7 | 1,684,825.2 | < | 1,964,157.3 |
| 2020 | 1,506,316.0 | 3,191,141.2 | > | 1,964,157.3 |
| 2021 | 1,277,527.4 | 4,468,668.6 | > | 1,964,157.3 |

NOTA: *Elaboración en base a flujos netos con y sin financiamiento*

La suma de los flujos acumulados con financiamiento en el año 2020 de 2.047.515,9 $us es mayor a la inversión inicial de 1.964.157,3 $us esto implica que el periodo de repago es en el sexto año y sin financiamiento en el sexto año.

### 3.22.7. Análisis de sensibilidad

La importancia del análisis de sensibilidad se manifiesta en el hecho de que los valores de las variables que se han utilizados para llevar a cabo la evaluación del proyecto pueden tener desviaciones con efectos de consideración en la medición de los resultados obtenidos.

La evaluación del proyecto será sensible a las variaciones de una o más variables o parámetros al incluir estas variaciones de las variables relevantes se ve el efecto que tienen sobre la rentabilidad de acuerdo con los pronósticos iníciales.

Dependiendo él número de variables que se sensibilicen simultáneamente, el análisis se puede clasificar en unidimensional una sola variable y la demás constante o multidimensional varias variables a las ves, tratando de medir o definir el efecto en los resultados de la evaluación de errores en las estimaciones creando nuevos escenarios en los que actúe el proyecto.

Aumentando la inversión fija inicial en un 20 % y manteniendo las demás variables constantes se tiene el siguiente análisis.

**Tabla 81**
*Evaluación incrementando la inversión fija en 20 %*

| Con financiamiento | | Sin financiamiento | |
|---|---|---|---|
| VAN | 1,687,364.5 | VAN | 1,302,949.2 |
| TIR | 41.3% | TIR | 15.2% |

NOTA: *Elaboración en base a flujos netos con y sin financiamiento*

Aumentando un 20% a la inversión se puede observar que se tiene un VAN positivo con financiamiento y sin financiamiento y una TIR con una holgura en las estimaciones futuras si el proyecto se financia a una tasa interna de retorno inferior a la tasa de descuento si el proyecto se efectúa por aporte propio con una tasa de descuento del 14 %.

Si el precio de la materia prima (arcilla) se incrementa de 18,02 $us/Tn a 20,72 $us/Tn los indicadores se ven afectados y el proyecto financiado aún sigue siendo atractivo.

**Tabla 82**
*Evaluación incrementando el precio de la arcilla a 23,42 $us/Tn*

| Con financiamiento | | Sin financiamiento | |
|---|---|---|---|
| VAN | 1,311,557.4 | VAN | 804,543.5 |
| TIR | 33.8% | TIR | 11.2% |

NOTA: *Evaluación incrementado el precio de la arcilla a 23,42$us/Tn en base a flujos netos con y sin financiamiento*

Si el precio del ladrillo disminuye a 0,8 Bs/ladrillo el proyecto aún denota atractividad si este es financiado y no así sin financiamiento.

**Tabla 83**
Evaluación disminuyendo el precio del ladrillo de 1 Bs a 0,8 Bs/Unidad

| Con financiamiento | | Sin financiamiento | |
|---|---|---|---|
| VAN | 397,923.4 | VAN | 12,843.2 |
| TIR | 18.6% | TIR | 4.8% |

NOTA: *Evaluación en base a flujos netos con y sin financiamiento*

En el estudio de evaluación económica y financiera se puede determinar que los indicadores financieros hacen atractivo el presente proyecto.

## 3.23. Organización

### 3.23.1. Razón Social de la Empresa

"Empresa Cerámica XXX S.R.L.".

### 3.23.2. Tipo de sociedad

El tipo de Sociedad de Responsabilidad Limitada es la alternativa elegida para la conformación de la empresa. El factor principal de asociación son las personas, lo cual hace que mutuamente se busquen para pactar sociedad y sus capitales sean un factor secundario. Se caracteriza por lo siguiente:

A la denominación o razón social se le agregara "Sociedad de Responsabilidad Limitada" o su abreviatura "S.R.L."

**Nombre de la empresa: C**

**Slogan:** construcciones solidas

**IMAGEN 8. LADRITEC SRL**

Logo identificativo de la empresa

### 3.23.3. Organigrama de la Empresa

La representación gráfica de la estructura de la empresa se identifica de manera vertical, el cual presentan las unidades ramificadas de arriba abajo a partir del titular, en la parte superior, y desagregan los diferentes niveles jerárquicos en forma escalonada en caso de ser necesario, por lo referente a continuación se adjunta la estructura de la empresa de manera inicial.

**Diagrama 6.** *Organigrama de la empresa*

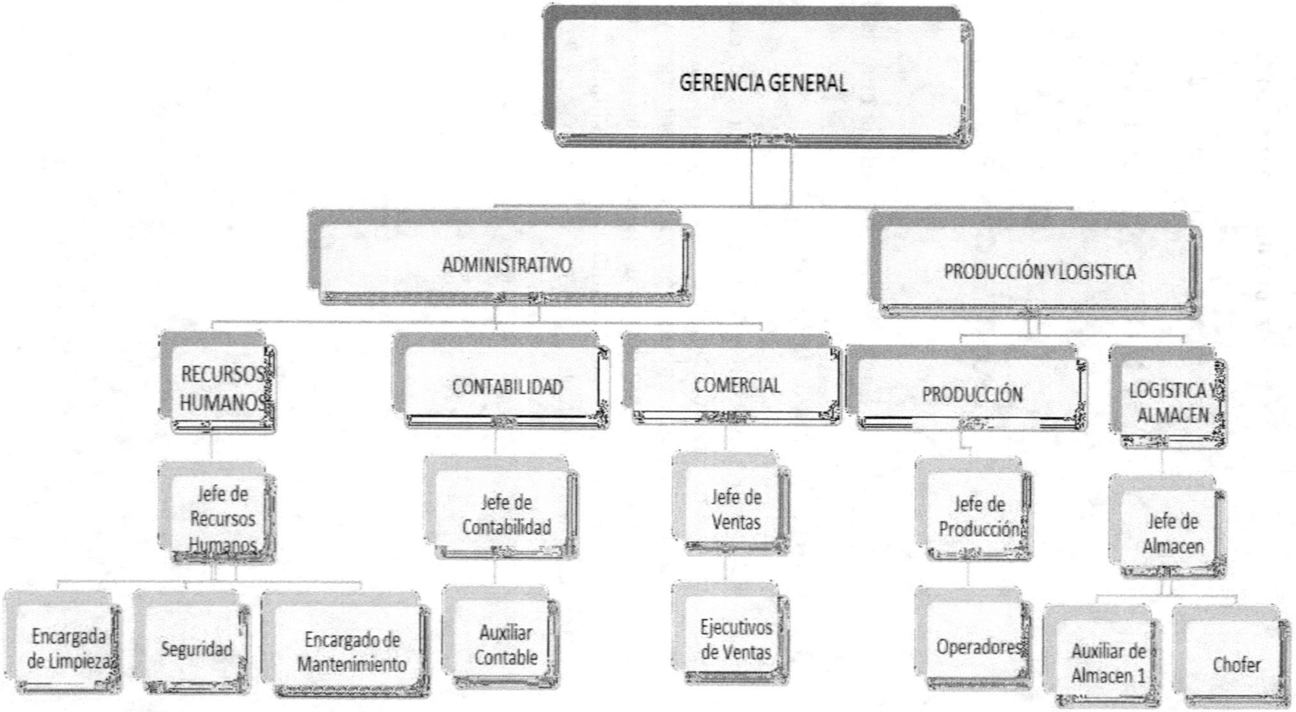

```
                          GERENCIA GENERAL
                                 |
          ┌──────────────────────┴──────────────────────┐
      ADMINISTRATIVO                              PRODUCCIÓN Y LOGÍSTICA
          |                                               |
  ┌───────┼─────────────────┐                   ┌─────────┴─────────┐
RECURSOS  CONTABILIDAD   COMERCIAL           PRODUCCIÓN        LOGÍSTICA Y
HUMANOS                                                          ALMACÉN
  |            |             |                   |                  |
Jefe de    Jefe de        Jefe de            Jefe de            Jefe de
Recursos   Contabilidad   Ventas             Producción         Almacén
Humanos        |             |                   |                  |
  |       Auxiliar       Ejecutivos         Operadores       ┌──────┴──────┐
  |       Contable       de Ventas                        Auxiliar de    Chofer
  |                                                       Almacén 1
  ├─ Encargada de Limpieza
  ├─ Seguridad
  └─ Encargado de Mantenimiento
```

## 3.24. Descripción de los Puestos de Trabajo

El análisis de puestos es el proceso que permite determinar las conductas, tareas y funciones que están comprendida en el contenido de un puesto de trabajo, así como las aptitudes, habilidades, conocimientos y competencias que son importantes para un desempeño exitoso en el puesto de trabajo.

a) **Gerente de Administración**
Es el responsable de planear, dirigir y evaluar las actividades financieras, administrativas, contables, presupuestarias y de la gestión de recursos humanos de la empresa, con el propósito de optimizar los activos humanos y materiales. Así mismo, será el encargado de hacer las gestiones pertinentes con los proveedores y los clientes de la planta. Dentro de las actividades a efectuar se tiene:
- Programar los pedidos de compras y de ventas
- Coordinar actividades y supervisar las actividades de producción.
- Asegurar el abasto por parte de los proveedores.
- Identificar las necesidades de los clientes, para ofrecer un mejor servicio.
- Tratar con clientes potenciales para ofrecer los ladrillos de 6 huecos.
- Conocimientos necesarios
- Deber tener formación en Licenciatura en Administración de empresas y/o licenciado en Contaduría con cierta experiencia en el sector industrial para satisfacer las expectativas para el puesto.
- Debe tener una experiencia mínima de 3 años.

b) **Secretaria Ejecutiva**

**Nombre del puesto** : secretaria ejecutiva
**Personal a su cargo** : No tiene personal a su cargo.
**Profesión:** secretaria ejecutiva o Técnico en Administración.

- **Experiencia:** Para ocupar este puesto es necesario tener experiencia de por lo menos de 1 años, y debe tener habilidad para el manejo de computadora y central telefónica. Por lo menos de 1 años, y debe tener habilidad para el manejo de computadora y central telefónica.

- Será la encargada de atender las actividades que le encomiende el directorio, así como atender llamadas telefónicas, hacer oficios, realizar la función de recepción y realizar cualquier actividad que le sea solicitada por la gerencia.
- Es responsable de brindar un trato amable a clientes, proveedores y público en general con lo que tenga contacto directo y vía telefónica.

c) **Gerente de producción**

Del desempeño del gerente de producción dependerá en gran parte el éxito o fracaso de la planta. El gerente de producción fungirá como eslabón de enlace entre el área operativa y el gerente general.

El área de producción estará bajo su responsabilidad y de él dependerá obtener el nivel de producción y las aleaciones en lingote que cumplan con las especificaciones de calidad y tiempo de entrega requerida por los clientes. Dentro de sus actividades tendrá:

- Llevar un control estadístico de la producción y establecer estándares de calidad.
- Controlar y ajustar aspectos químico-térmicos de los ladrillos en los hornos.
- Programar pedidos de compra-venta garantizando el abastecimiento de insumos.
- Orientar los esfuerzos del personal de producción hacia los objetivos organizacionales.
- Supervisar el mantenimiento preventivo necesario para el funcionamiento de la planta.

**Conocimientos necesarios**

La persona que ocupe este puesto deberá contar con conocimientos técnicos sobre el proceso de productos cerámicos, específicamente de ladrillos y tejas. Por tanto, se considera que el profesional que ocupare este puesto deberá ser un Ingeniero Químico, Ingeniero en ciencia de materiales o Ingeniero Industrial.

Debe tener una experiencia mínima de 3 años.

d) **Jefe de control de calidad**
Es encargado de efectuar el análisis químico elemental de muestras de arcilla y de materia en proceso que permitan el control y ajuste de la composición de la fabricación de ladrillos para que cumpla con las especificaciones deseadas por el cliente.
- Deberá de capaz de efectuar análisis de laboratorio por lo que deberá tener capacidad para su operación con criterios y habilidad en el manejo de dicho equipo. Por lo que deberá efectuar las siguientes actividades:
- Operar un secador a escala de laboratorio
- Corroborar que las especificaciones de mezcla de la materia prima para que cumpla con los requerimientos
- Comprobar que la composición química de los ladrillos producidos sea la deseada.
- Preparar informes estadísticos sobre la composición química de la materia prima e insumos empleados.

**Conocimientos necesarios**

Debe tener formación en la carrera de Ingeniería química, técnico químico grado superior, con experiencia en el uso de equipos analíticos.

e) **Jefe de producción**

**Nombre del puesto:** jefe de Producción
**Personal a su cargo:** Operarios
**Profesión:** Licenciado en Ingeniería Industrial o comercial
**Experiencia:** Debe tener conocimientos en el área de producción, se requiere que sea Licenciado en ingeniería industrial, capacidad para manejo de personal.

f) **Encargado de ventas**
El encargado de esta Unidad tiene la responsabilidad de la comercialización del producto resultante, para lo cual coordina tareas de pertinente a esa función. Debe a su vez buscar nuevas alternativas de comercialización y con el resto de las unidades.

Entre las principales funciones tiene:

- Plantear estrategias de comercialización y ventas.

- Establecer los canales de distribución.
- Analizar en forma continua las características del mercado y poder fortalecer la búsqueda de nuevos mercados.
- Llevar las estadísticas de ventas, clientes, precios y otros.
- Presentación de informes periódicos de actividades realizadas al gerente de producción y al director.

g) **Operarios**

| | |
|---|---|
| **Nombre del puesto** | : Operarios |
| **Personal a su cargo** | : Ninguna |
| **Profesión** | : Ninguna |
| **Experiencia** | : Experiencia en trabajos similares por lo menos de un año. |

Realizarán las actividades de manufactura dentro de la empresa. Estas actividades comprenden desde la recepción de la materia prima y el acomodo y almacenamiento del producto terminado. Sin embargo, debido a la variedad y sencillez de las operaciones, todo el personal de esta área deberá estar capacitado para realizar cualquier actividad de producción para evitar personal ocioso.

h) **Portero**

| | |
|---|---|
| **Nombre del puesto** | : Portero |
| **Personal a su cargo** | : Ninguna |
| **Profesión** | : Ninguna |
| **Experiencia** | : Experiencia en trabajos similares por lo menos de un año. |

Entrenamiento en el área, Experiencia comprobable, Honestidad y ética, Sentido común, Habilidad de guiar y seguir, Habilidad comunicativa, Buena forma física, Eficacia y espontaneidad.

i) **Chofer - Distribuidor**

| | |
|---|---|
| **Nombre del puesto** | : Chofer Distribuidor |
| **Personal a su cargo** | : Ninguna |
| **Profesión** | : Ninguna |
| **Experiencia** | : Experiencia en trabajos similares por lo menos de un año. |

Licencia de conducir Categoría B, Entrenamiento en el área, Experiencia comprobable, Honestidad y ética, Sentido común, Habilidad de guiar y seguir, Habilidad comunicativa, Eficacia y espontaneidad.

### 3.25. Impacto Ambiental

#### 3.25.1. Ley del medio ambiente

La ley N° 1333, garantiza el buen uso de los recursos naturales, utilizando de manera sostenible la biodiversidad; al mismo tiempo, no permite que se dañe el medio ambiente y para esto el Gobierno ha normado la obligación de llevar las respectivas fichas ambientales por cada una de las empresas que tienen procesos productivos para la transformación de materias primarias. Con respecto a esta Ley se tiene que cumplir con los siguientes requisitos y reglamentos:

- Reglamento de Gestión Ambiental.
- Reglamento de Contaminación Atmosférica
- Reglamento de Sustancias Peligrosas.
- Reglamento de Gestión de Residuos Sólidos.
- Reglamento y Lineamiento (Seguridad e Higiene Ocupacional; Ley del Trabajo).

#### 3.25.2. Identificación de impactos

En la siguiente tabla se detallan los impactos que se generan en cada etapa del proceso de producción de ladrillos de cerámica.

**Tabla 84**
*Impactos generados en el proceso de producción de ladrillos*

| Etapas | Actividades que generan contaminantes | Tipo de contaminantes |
|---|---|---|
| Extracción de arcilla | Extracción con herramientas manuales y maquinas | Escasas partículas en suspensión |
| Preparación de la achy Mezclado | Tamizado y selección Mezcla de arcillas con agua y arena. | Partículas en suspensión Consumo de agua. |
| Laminado y Extrusado | El secado de los moldes al airelibre solo se desprende vapor de agua. Los moldes defectuosos son reciclados a la etapa de moldeado | Ninguno |
| Secado | El secado de los moldes al airelibre solo se desprende vapor deagua. Los moldes defectuosos son reciclados a la etapa de moldeado. | No representativo |
| Carga del horno | No genera contaminantes | Ninguno |
| Cocción | Uso de combustibles diversos: Hidrocarburos líquidos, carbón de piedra, biomasa (aserrín de madera, cáscara de café, ramas y leña d e eucalipto, llantas y aceite usado. | • Material particulado<br>• Dióxido de azufre<br>• Dióxido de nitrógeno<br>• Monóxido de carbono<br>• Dióxido de carbono |
| Descarga del horno | Apertura de horno, manipulación de ladrillos, limpieza de ceniza | Partículas en suspensión |
| Clasificación | Descarte de productos rotos, fisurados, mal cocidos | Residuos sólidos inertes |

NOTA: *Impacto Ambiental de las ladrilleras en el Algarrobal.*

Los aspectos ambientales propios de la fabricación de ladrillos y tejas incluyen:

- Emisiones a la atmósfera
- Calidad del suelo
- Generación de residuos sólidos
- Consumo de energía y combustibles

El principal impacto que genera la actividad de fabricación de ladrillos y tejas es sobre la calidad del aire y en segundo lugar sobre la morfología del terreno. En el primer caso debido principalmente a las emisiones de humos procedentes de los hornos en la etapa de cocción que causan efectos directos e indirectos sobre la salud humana, la flora, la fauna, los cuerpos de agua, y contribuyen al cambio climático global. En el segundo caso porque la explotación de las canteras produce excavaciones que no solamente afectan el paisaje sino también la estructura y configuración del terreno ocasionando deforestación, pérdida de la capa productiva del suelo, y erosión.

La actividad no genera efluentes de proceso, pero si residuos sólidos inertes constituidos por los escombros provenientes de los productos rechazados por rotura o deficiente cocción y que según el Diagnóstico Ambiental del subsector Cerámica y Ladrillos se encuentran por debajo del 5%, y que según encuestas entre los microempresarios ladrilleros artesanales entrevistados están entre 5% y 15%.

### 3.25.3. Fuentes de Generación de Emisiones a la Atmósfera

La principal fuente de generación de emisiones de gases en la industria ladrillera es la combustión en los hornos. Las emisiones atmosféricas resultantes de la etapa de cocción están constituidas por el vapor de agua resultante de la deshidratación de la masa de ladrillos crudos.

Otras fuentes menores son las emisiones fugitivas de partículas asociadas con la manipulación y manejo de la materia prima incluido la molienda y el mezclado, la descarga de los ladrillos cocidos, la manipulación y almacenamiento de combustibles sólidos.

### 3.25.4. Categorización de la industria de acuerdo con el RASIM

La categorización correspondiente a la planta de producción de ladrillos de acuerdo con el RASIM en el anexo 1 establece la categorización de acuerdo código CAEB 15411.

## Tabla 85
*Clasificación Industrial por riesgo de contaminación (CAEB)*

| División | Grupo | Clase | Subclase | Descripción | Categorías 1 y 2 | Categoría 3 | Categoría 4 |
|---|---|---|---|---|---|---|---|
| 25 | | | | FABRICACION DE PRODUCTOS DE CAUCHO Y PLASTICO | | | |
| 26 | | | | FABRICACION DE OTROS PRODUCTOS MINERALES NO METALICOS | | | |
| | 261 | | | Fabricación de vidrio y productos de vidrio | | | |
| | | 2610 | | Fabricación de vidrio y productos de vidrio | | | |
| | | | 26101 | Fabricación de envases de vidrio | Ninguna | Todas | Ninguna |
| | | | 26102 | Fabricación de vidrio | | Todas | Ninguna |
| | | | 26109 | Fabricación de productos de vidrio NCP | | Todas | Ninguna |
| | 269 | | | Fabricación de productos minerales no metálicos NCP | | | |
| | | 2691 | | Fabricación de productos de cerámica no refractaria para uso no estructural | | | |
| | | | 26911 | Fabricación de artículos de cerámica de uso doméstico, sanitario y ornamental | Ninguna | Producción ≥ a 3000 Kg / día | < de 3000 |
| | | | 26912 | Fabricación de otros artículos de cerámica no refractaria para uso no estructural | | Producción ≥ a 3000 Kg/ día | < de 3000 |
| | | 2692 | | Fabricación de productos de cerámica refractaria | | | |
| | | | 26920 | Fabricación de productos de cerámica refractaria | Ning. | Producción ≥ a 3000 Kg/día | < de 3000 |
| | | 2693 | | Fabricación de productos de arcilla y cerámica no refractarias para uso estructural | | | |
| | | | 26930 | Fabricación de productos de arcilla y cerámica no refractarias para uso estructural | Ning | Producción ≥ a 3000 Kg/ día | < de 3000 |
| | | 2694 | | Fabricación de cemento, cal y yeso | | | |
| | | | 26941 | Fabricación de cemento | Todas | Ninguna | Ninguna |

NOTA: *Anexo 1 del RASIM*

Implica moderado riesgo de contaminación y código CAEB 26920 categoría 3.

Para el presente proyecto correspondiente a la categoría 3. Debe presentar: RAI, DP, PMA.

**Tabla 86**
*Instrumentos de regulación de alcance particular – Irap*

|  | Categoría 1 y 2 | Categoría 3 | Categoría 4 |
|---|---|---|---|
| INDUSTRIAS EN NPROYECTO | RAI<br>EEIA<br>PMA | RAI<br>DP<br>PMA | RAI |
| INDUSTRIAS EN OPERACIÓN | RAI<br>MAI<br>PMA<br>IAA | RAI<br>MAI<br>PMA<br>IAA | RAI |

NOTA: *Anexo 1c. Del RASIM*

a) **Registro Ambiental Industrial (RAI)**
- El RAI se aplica a todas las unidades industriales, micro, pequeñas, medianas y grandes, de los rubros especificados en el anexo 1 del RASIM, ya sea que estas se encuentren en funcionamiento o en proyecto.
- 1ro. Recoger los formularios de las oficinas de Medio Ambiente del Gobierno Municipal, o en la página WEB. http//industria.produccion.gob.bo
- 2do. El industrial debe llenar solo la Sección A del Formulario.
- 3ro. El propietario o representante legal de la Industria, debe entregar su formulario RAI, llenado en cuatro ejemplares, en la oficina ambiental de su Gobierno Municipal.
- 4to. El servidor público sellará la recepción en todos los ejemplares y devolverá uno a la industria.
- 5to. El funcionario público revisará la Sección A del formulario y completará la Sección Inicial la Sección B. Al finalizar el trabajo se debe categorizar a la industria.
- 6to. Al cabo de 5 días, como máximo para industrias en proyecto y 10 días para industrias en funcionamiento, el

industrial deberá recoger su categoría en la misma oficina donde inició su trámite.

b) **Descripción del proyecto (DP)**
Es el instrumento mediante el cual se efectúa un diagnóstico o predicción de la situación ambiental de una industria en operación o proyecto, con el objeto de definir las acciones y medidas que se asumirán a fin de prevenir y controlar la contaminación.

c) **Plan de manejo Ambiental (PMA)**
Es el documento que contiene la descripción de las actividades que se planifican implementar en las industrias en proyecto de categoría 3. (Anexo 5 del RASIM).

- Datos generales de la Industria.
- Plan de Prevención y Mitigación PPM.
- Plan de Aplicación y Seguimiento Ambiental PASA.
- Análisis de Riesgos Industriales y
- Plan de Contingencias ARI – PC.
- Descripción del entorno de la Industrias.

d) **Análisis de Riesgos Industriales y Plan de Contingencias (ARI-PC)**
- Es el instrumento mediante el cual se efectúa un análisis de los riesgos sobre el Medio Ambiente y la Salud que puedan causar las actividades de una industria. El ARI-PC se presenta como parte integrante del PMA.
- El ARI – PC se deben elaborar como parte integral del PMA en los siguientes casos:
- Industrias en proyecto y en funcionamiento de categorías 1 y 2
- Las industrias en proyecto y en operación de categoría 3, si utilizan sustancias peligrosas en las condiciones del anexo 10B y/o tienen más de 100 personas dentro de su unidad industrial.

## Capitulo IV
## Conclusiones y Recomendaciones

### 4.1. Conclusiones

Se ha determinado que existe arcilla de calidad para la producción de ladrillos de cerámica de 6 huecos en varias zonas de Santa Cruz, las mismas que son de la provisión de varias industrias de cerámica en la Ciudad de Santa Cruz.

En cuanto al estudio de mercado la ciudad de Santa Cruz denota un crecimiento con tasas de crecimiento que varían en forma incremental de un censo a otro, el censo del 2012 con su informe preliminar no es confiable ya que denota una tasa de crecimiento inferior a la anterior, por lo que se ha estimado una tasa de crecimiento de viviendas en 5 % a partir de número de viviendas que reporta el censo del año 2012. De los datos históricos de la oferta de demanda se ha estimado probabilidades de oferta futura basada en tasas de 3,5%, 4,5 % y 5,5 %. Del balance Demanda-Oferta se ha determinado una demanda insatisfecha si las tasas de crecimiento de las empresas ofertantes fuesen del 3,5 % que implica consideraciones de inversión para la ampliación de las capacidades que cuentan las fábricas de cerámica instaladas en el departamento de Santa Cruz.

El crecimiento de la población urbana implica simultáneamente una demanda creciente por los materiales de construcción en especial de ladrillos, tejas y cemento, además de áridos que son empleados simultáneamente. Este crecimiento población y de demanda de materiales de construcción hacen favorable el tamaño de mercado elegido para este proyecto.

La localización está relacionada a las cercanías que tiene el lugar para la implementación de la fábrica de cerámica, los costos del terreno y el área requerida para la implementación de la planta, la micro localización fue determinada por medio del ranking de factores que hacen favorable su ubicación en la localidad de la Guardia.

La selección de la tecnología y de maquinaria y equipos está relacionada a información obtenida de los fabricantes tanto de la línea de producción como de los Hornos de procedencia brasilera, cuya capacidad de equipos y dimensione se detalla en el capítulo de Ingeniería, además de la determinación de la programación de la producción de acuerdo con la demanda por año a partir del 2014 relacionada al uso incrementar de los hornos. En cuanto a la tecnología de los hornos, ha sido considerada de acuerdo con los criterios del fabricante de hornos CEDAN basados en las experiencias de los hornos montados en fábricas de cerámica en distintas partes del Brasil.

La inversión total asciende a 1.964.157,25 $us de la cual el 60 % será financiado y el 40 % de aporte propio.

La determinación del costo unitario da un costo unitario promedio de 0,768Bs/ladrillo que permite una utilidad de 0,232 Bs por cada ladrillo vendido a 1 Bs. Lo cual indica que es atractivo en cuanto a costos su producción que permite un margen de utilidad significativo.

La evaluación económica del proyecto da indicadores de evaluación VAN y TIR atractivos para la implementación del proyecto tanto con financiamiento o sin financiamiento.

La organización que se recomienda es aquella que se detalla como estructura jerárquica.

## 4.2. Recomendaciones

Se recomienda efectuar una capacitación en el área de producción para lograr alcanzar parámetros de calidad en los primeros meses de funcionamiento, minimizar a través de la optimización los impactos al medio ambiente que se genera en el proceso de fusión, que es la que implica un proceso de transformación y de secuencia de etapas hasta obtener el producto.

A partir de las conclusiones obtenidas, se recomienda lo siguiente:

- Establecer contacto con proveedores de leña como también de empresas o personas que tengan yacimientos de arcilla de calidad y precios favorables. En cuanto al empleo de leña en vez de gas, en la selección de tecnología ofertada por la empresa CEDAN, ha sido en base a las consideraciones del diseño de dichos hornos. Cabe mencionar que los equipos y maquinaria propuestas en el presente estudio están relacionadas a viajes y contactos con distintos proveedores efectuados por inversionistas interesados en la implementación del presente proyecto y que se considera confidencial la mención de dicho grupo inversionista.
- Mantener contactos con los distribuidores de material de construcción situados en distintos puntos de la ciudad de Santa Cruz y captar interés en cuanto a la provisión de ladrillos y de precios atractivos para su comercialización.
- Elaborar manuales de higiene y seguridad ocupacional, desarrollar cursos de capacitación y en lo futuro lograr certificar con la ISO 45 001 en forma paulatina.

# REFERENCIAS

INSTITUTO NACIONAL DE ESTADISTICAS (INE. Censo 2012)

Relevamiento y Análisis de Información de la Industria Cerámica Roja del Departamento de Tarija". 2011

V. H. Limpias, 2001. "Santa Cruz de la Sierra Arquitectura y Urbanismo,2020)

Cámara de la construcción (CADECOCRUZ). Enero 2022

CEDAN-CERAMICA DANTS LTDA DE St. psrdantas@yahoo.com.br/www.fornocedan,com.br).

GRUPO DE INVESTIGACION DEL CONVENIO UIS-IDEAM http://www.tecnologiaslimpias.org/html/central/369103/369103_mp.htm

Principios de Ingeniería. A Puron. Ed. Limusa

Construcciones "ISSA S.A.".

SSouza N° 445/10-BOL. (enero, 2013).Infra estructura y soldaduras

INVERSIÓN EN PERFORACIÓN DE POZO, empresa (ING-TEC,2023).Empresa perforadora de pozo de agua

Metal Mecánica (CASAVI,2023) de Santa Cruz.

Ley del Medio Ambiente. DECRETO LEY N°. 1333.

ACACIO, M. G. (18 de febrero de 2019). Grupo Acacio. Obtenido de https://www.acacioseguridad.com/

Enciclopedia Economica. (2017). enciclopedia economica. Obtenido de enciclopedia economica: https://enciclopediaeconomica.com/empresas-comerciales/

Fernández, L. (29 de junio de 2022). Redes Zone. Obtenido de https://www.redeszone.net/

Flores, J. M. (2017). Umsa. Obtenido de https://repositorio.umsa.bo

Getech. (2022). Copyright. Obtenido de https://genesisconsulting.com.bo/portafolio/

Ley general de higiene y seguridad ocupacional y bienestar. (1979). DECRETO LEY N°. 16998.

Luz, S. d. (04 de Julio de 2022). Redes zone. Obtenido de Redes zone: https://www.redeszone.net/tutoriales/redes-cable/que-es-armario-rack-modelos/

mcafee. (2022). mcafee. Obtenido de mcafee: https://www.mcafee.com/es-mx/antivirus/firewall.html.

# ANEXOS

ANEXO 1  NB 1211001

# Norma Boliviana  NB 1211001

## Ladrillos cerámicos
## Ladrillos huecos
## Clasificación y requisitos

Segunda revisión

ICS  91.100.25  Materiales y productos minerales y cerámicos

Septiembre 2002

Instituto Boliviano de Normalización y Calidad

IBNORCA

155

## Prefacio

La actualización de la Norma Boliviana **NB 1211001-02 "Ladrillos cerámicos - Ladrillos huecos - Clasificación y requisitos" (Segunda revisión)**, (anula y reemplaza a la NB 065- 00 "Ladrillos cerámicos - Ladrillos huecos - Clasificación y requisitos" (Primera revisión))

ha sido encomendada al Comité Técnico de Normalización 12.11 "Materiales cerámicos para la construcción".

Las instituciones y representantes que participaron fueron los siguientes:

| REPRESENTANTE | INSTITUCIÓN |
|---|---|
| José Antonio Zelaya (Coordinador) | CAMARA BOLIVIANA DE LA CONSTRUCCIÓN - CABOCO |
| Gustavo Aguirre | CAMARA DEPARTAMENTAL DE LA CONSTRUCCIÓN DE LA PAZ - CADECO |
| Jorge Echazú | INSTITUTO DE ENSAYO DE MATERIALES - I.E.M. - U.M.S.A. |
| Verónica Gallardo | INSTITUTO DE ENSAYO DE MATERIALES - I.E.M. - U.M.S.A. |
| Roberto Parrado | COLEGIO DE ARQUITECTOS |
| Gustavo Sejas R | TECERBOL |
| Gustavo Sejas P. | TECERBOL |
| Fernando Lozano | UNIVALLE |
| Roger Franco | S.I.B. |
| Freddy Olivera | G.M.L.P. |
| Raúl Lora | G.M.L.P. |
| Rodrigo Soliz | INCERPAZ |
| Amilcar Peñafiel | IBNORCA |

Fecha de aprobación por el Comité Técnico de Normalización 2002-07-31

Fecha de aprobación por el Consejo Rector de Normalización 2002-08-29

Fecha de ratificación por la Directiva del IBNORCA 2002-09-13

| IBNORCA | NORMA BOLIVIANA | NB 1211001 |

**Ladrillos cerámicos - Ladrillos huecos - Clasificación y requisitos**

## 1 OBJETO Y CAMPO DE APLICACIÓN

Esta norma establece la clasificación, características y requisitos que deben cumplir los ladrillos cerámicos huecos que se emplean en la construcción.

## 2 REFERENCIAS

Todo documento es susceptible de ser revisado y las partes que realicen acuerdos basados en esta norma, se deben esforzar para buscar la posibilidad de aplicar sus ediciones más recientes.

NB 399        Sistema Internacional de Unidades - SI
NB 1211002    Ladrillos cerámicos - Métodos de ensayo (Segunda revisión)

## 3 DEFINICIONES

### 3.1 Ladrillo hueco cerámico

Elemento de construcción, generalmente con forma de paralelepípedo, fabricado de arcilla cocida, que posee huecos prismáticos o cilíndricos, cuyas características mecánicas y físicas son las especificadas en esta norma.

### 3.2 Dimensión nominal

Dimensión de las aristas, especificada por el fabricante.

### 3.3 Dimensión real

Dimensión obtenida como promedio de las mediciones en las caras de cada ladrillo.

### 3.4 Heladicidad

Es el comportamiento del ladrillo frente a la acción del hielo.

### 3.5 Eflorescencia

Son manchas superficiales, generalmente blanquecinas, producidas por la cristalización de sales solubles arrastradas por el agua hacia el exterior, en los ciclos de humectación - secado.

### 3.6 Caliche

Es el grano de óxido de calcio, producido durante la cocción, que al hidratarse por meteorización, se expande, dando lugar al desprendimiento de una parte del material, que hace aparecer un cráter.

### 3.7 Exfoliación

Aparición de láminas, escamas o levantamientos superficiales del material.

## 4 CLASIFICACIÓN

### 4.1 Por su uso

Se clasifican por su uso en:

#### 4.1.1 Ladrillos de relleno

Son ladrillos que cumplen sólo funciones de relleno, no destinados a resistir cargas verticales estructurales. Estos ladrillos reciben la carga perpendicular a los huecos (véase figura 1).

#### 4.1.2 Ladrillos estructurales

Son ladrillos proyectados para soportar cargas verticales, cumpliendo funciones estructurales. Estos ladrillos reciben la carga paralela a los huecos (véase figura 2).

### 4.2 Por su resistencia a la compresión

Se clasifican en dos (2) clases, de acuerdo a lo especificado en la tabla 4.

## 5 CONDICIONES GENERALES

### 5.1 Fabricación

El ladrillo cerámico es fabricado básicamente con arcilla, conformado por extrusión al vacío y cocido a una temperatura que le confiere al producto final, características especificadas en esta norma.

### 5.2 Identificación

Cada ladrillo debe tener la identificación del fabricante, sin que ésta perjudique su uso.

### 5.3 Características visuales

Los ladrillos no deben presentar superficies irregulares ni deformaciones que impidan su empleo, tales como:

#### 5.3.1 Fisuras

Las caras expuestas en las unidades utilizadas en fachadas no deben tener fisuras que atraviesen el espesor de la pared o una longitud mayor del 25 % de dimensión de la pieza, en la dirección de la fisura.

### 5.3.2 Textura y color

Toda modificación a la textura lisa de la superficie de las unidades, tales como estrías y grabados, se debe realizar preferiblemente sobre el producto crudo o por cualquier método que no produzca fisuras o debilitamiento de las paredes. Las estrías no deben disminuir el espesor de la pared en más de cinco (5) mm y su ancho será menor de diez (10) mm.

Ordinariamente, el color varía dentro de una gama según el tipo de arcilla y el proceso de fabricación, y no puede usarse como parámetro de evaluación de calidad sin que antes se realicen los ensayos de resistencia y absorción. La textura y el color deben especificarse libremente por el productor y el consumidor

### 5.4 Características geométricas

#### 5.4.1 Formas y dimensiones

Los ladrillos cerámicos huecos, generalmente poseen la forma de un paralelepípedo, siendo sus dimensiones las relacionadas con las figuras 1 y 2 y la tabla 2, pudiendo presentar variaciones en el número de huecos (véanse figuras 1 y 2 y tabla 2).

#### 5.4.2 Determinación de las dimensiones

Las mediciones se efectuarán según se establece en la tabla 1.

**Tabla 1 - Dimensiones de los ladrillos huecos**

| Dimensiones | Procedimiento de medición |
|---|---|
| Largo | Cuatro (4) mediciones, una por el centro de cada cara |
| Ancho | Seis (6) mediciones, tres (3) en puntos distribuidos uniformemente en la cara superior y tres (3) en la cara inferior |
| Alto | Seis (6) mediciones, tres (3) en cada superficie de corte |

#### 5.4.3 Determinación de la desviación con relación a la escuadra

Se debe medir la desviación en relación a la escuadra (D), en las caras destinadas al asentamiento o revestimiento del bloque, conforme se muestra en las figuras 3a, 3b y tabla 3, empleando una escuadra metálica de $90° \pm 0,5°$.

### 5.5 Determinación de la planeza de las caras

Se determina la planeza de las caras (P), a través de la diagonal (véanse figuras 4a, 4b y tabla 3), empleando una regla metálica con precisión de 0,5 mm.

### 6 REQUISITOS ESPECIALES

#### 6.1 Dimensiones nominales, medidas y tolerancias

Los fabricantes de ladrillos cerámicos pueden fabricar en formas y dimensiones diversas, las especificaciones pueden ser acordadas entre productor y consumidor. Cuando no hubiere un acuerdo, se deben respetar las especificaciones contenidas en esta norma.

En la tabla 2, se presentan ejemplos de dimensiones modulares.

**Tabla 2 – Ejemplos de dimensiones nominales de ladrillos cerámicos huecos**

| Tipo | Dimensiones nominales (mm) | | |
|---|---|---|---|
| | Ancho (A) | Alto (H) | Largo (L) |
| Ladrillos de relleno | 100 | 150 | 240 |
| | 100 | 180 | 240 |
| | 120 | 180 | 240 |
| Ladrillos estructurales | 100 | 60 | 240 |
| | 120 | 60 | 240 |
| | 150 | 60 | 240 |

### 6.1.1 Tolerancia dimensional

Las dimensiones exteriores de las unidades de cualquier tipo o clase, pueden variar en un 2 %, como máximo, por encima o por debajo de las medidas nominales especificadas para todas las formas y tamaños que se fabriquen.

**Tabla 3 - Tolerancias de fabricación**

| Dimensión | Tolerancia |
|---|---|
| Desviación con relación a la escuadra (D) (máx.) | 2 % |
| Planeza (P) (máx.) | 3 mm |

### 6.1.2 Espesores mínimos de pared

El espesor mínimo neto de las paredes interiores y exteriores, es de ocho (8) mm.

### 6.2 Resistencia a la compresión

Los ladrillos cerámicos huecos que se ensayen según el numeral 3.1 de NB 1211002, deben cumplir con los requisitos mínimos de la tabla 4.

**Tabla 4 - Resistencia a la compresión**

| Tipo | Clase | Resistencia a la compresión, área bruta, en MPa (kg/cm$^2$) (mínimo) |
|---|---|---|
| De relleno | A | 2,5 (25) |
| | B | 1,5 (15) |
| Estructural | A | 10,0 (100) |
| | B | 7,0 (70) |

### 6.3 Absorción

En los ladrillos cerámicos huecos que se ensayen según el numeral 3.2 de NB 1211002, se aceptará una absorción de agua, no menor a 8 %, ni mayor a 15 %.

### 6.4 Heladicidad

La heladicidad se determinará según lo especificado en el numeral 3.4 de la NB 1211002. Los ladrillos deben ser calificados como no heladizos.

### 6.5 Eflorescencia

El ensayo de eflorescencia en los ladrillos, debe realizarse según el numeral 3.5 de la NB 1211002, debiendo obtener la calificación de cero (0) a seis (6) para ser aceptados.

### 6.6 Inclusiones calcáreas - Caliche

La muestra de ladrillos debe someterse al ensayo de determinación de inclusiones calcáreas - caliche, establecido en el numeral 3.6 de la NB 1211002, debiendo cumplir con:

- El número de piezas con desprendimientos que produzcan cráteres, no será superior auno (1)
- Ningún desprendimiento en las caras no perforadas, tendrá individualmente unadimensión media superior a quince (15) mm.

## 7 MUESTREO

Las dimensiones nominales deben ser verificadas en lotes no superiores a diez mil (10 000) ladrillos (véase tabla 6)

Para verificar si los ladrillos de un lote cumplen con el requisito de la planeza y la desviación con relación a la escuadra, el tamaño del lote, la muestra y el criterio de aceptación y rechazo, es el establecido en la tabla 5.

**Tabla 5 - Número de ladrillos, de lotes y de muestras**

| Lotes | Muestra | | Unidades defectuosas | | | |
|---|---|---|---|---|---|---|
| | Primera muestra | Segunda muestra | Primera muestra | | (1ra+2da) muestra | |
| | | | N° de Ac | N° de Re | N° deAc | N° de Re |
| 1 000 - 3 000 | 32 | 32 | 5 | 9 | 12 | 13 |
| 3 001 - 10 000 | 50 | 50 | 7 | 11 | 18 | 19 |
| 10 001 - 35 000 | 80 | 80 | 11 | 16 | 26 | 27 |

En caso de que un número de ladrillos defectuosos, en el lote, esté entre el número de aceptación (Ac) y de rechazo (Re) de la primera muestra, se procederá a ensayar la segundamuestra.

Para verificar si los ladrillos de un lote cumplen con el requisito de resistencia a la compresión, la absorción y la dimensión, el tamaño del lote, de la muestra y el criterio de aceptación y rechazo, es el establecido en la tabla 6.

**Tabla 6 - Número de ladrillos, de lotes y de muestras**

| Lotes | Muestra | | Unidades defectuosas | | | |
|---|---|---|---|---|---|---|
| | Primera muestra | Segunda muestra | 1ra muestra | | (1ra+2da) muestra | |
| | | | N° de Ac. | N° de Re | N° de Ac | N° de Re |
| 1 000 - 3 000 | 8 | 8 | 1 | 4 | 4 | 5 |
| 3 001 - 35 000 | 13 | 13 | 2 | 5 | 6 | 7 |

En caso de que un número de ladrillos defectuosos, en el lote, esté entre el número de aceptación (Ac) y de rechazo (Rc) de la primera muestra, se procederá a ensayar la segundamuestra.

El tamaño de la muestra, para los ensayos de heladicidad, eflorescencia e inclusiones calcáreas - caliche, se indica en la NB 1211002.

## 8 BIBLIOGRAFÍA

FONDO PARA LA NORMALIZACIÓN Y LA CERTIFICACIÓN DE LA CALIDAD - FONDONORMA (VENEZUELA)

COVENIN 76.1-60 Ladrillos de arcillaCOVENIN 76.2-60 Bloques de arcilla
COVENIN 76.2-60 Bloques de arcilla para paredes de carga
INSTITUTO ARGENTINO DE NORMALIZACIÓN Y CALIDAD - IRAM
IRAM 12519 Ladrillos cerámicos comunes
INSTITUTO NACIONAL DE NORMALIZACIÓN - INN (CHILE)
N Ch 169 c R71 Ladrillos cerámicos
ASOCIACIÓN BRASILERA DE NORMAS TÉCNICAS - ABNT
NBR 7171     Bloque cerámico para albañileria
NBR 8042     Bloque cerámico para albañileria - Formas y dimensiones

INSTITUTO COLOMBIANO DE NORMALIZACIÓN TÉCNICA Y CERTIFICACIÓN - ICONTEC
NTC 296     Ingeniería Civil y Arquitectura. Dimensiones modulares de unidades de mampostería de arcilla cocida. Ladrillos y bloques cerámicos.
NTC 4205     Ingeniería Civil y Arquitectura. Unidades de mampostería de arcilla cocida. Ladrillos y bloques cerámicos.
OFICINA NACIONAL DE NORMALIZACIÓN - ONN (CUBA)
NC 54-267-1987 Ladrillo estándar. Métodos de ensayo.
ASOCIACIÓN ESPAÑOLA DE NORMALIZACIÓN Y CERTIFICACIÓN - AENOR
UNE 67019 EX     Ladrillos cerámicos de arcilla cocida. Definiciones, clasificación y especificaciones.

## Anexo A (Normativo)

### Figuras

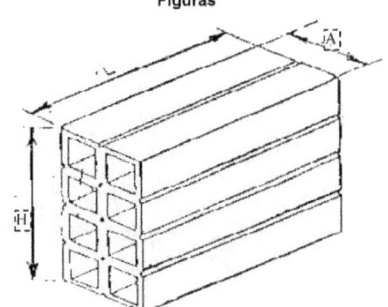

Figura 1 - Ladrillo de relleno

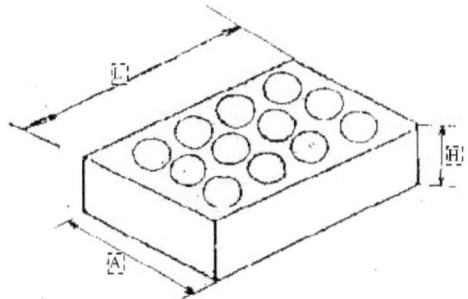

Figura 2 - Ladrillo estructural

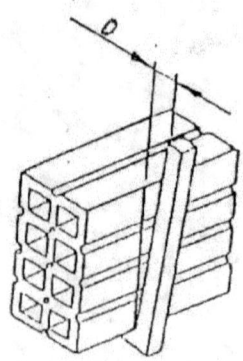

Figura 3a - Determinación de la desviación (D)

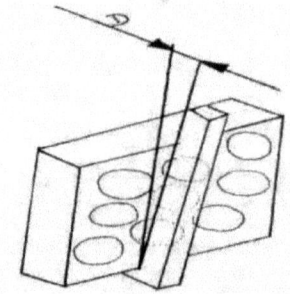

Figura 3b - Determinación de la desviación (D)

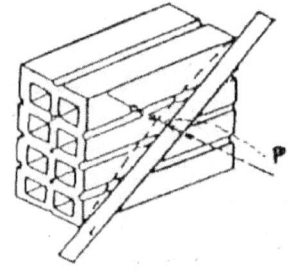

Figura 4a - Determinación de la planitud (P)

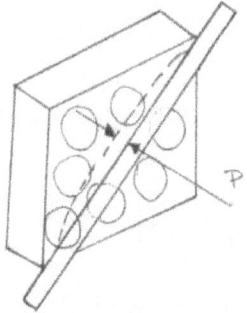

Figura 4 b - Determinación de la planitud (P)

**IBNORCA: Instituto Boliviano de Normalización y Calidad**

IBNORCA creado por Decreto Supremo N°23489 de fecha 1993-04-29 y ratificado como parte componente del Sistema Boliviano de la Calidad (SNMAC) por Decreto Supremo N° 24498 de fecha 1997-02-17, es la Organización Nacional de Normalización responsable del estudio y la elaboración de Normas Bolivianas.

Representa a Bolivia ante los organismos Subregionales, Regionales e Internacionales de Normalización, siendo actualmente miembro activo del Comité Andino de Normalización CAN, del Comité Mercosur de Normalización CMN, miembro pleno de la Comisión Panamericana de Normas Técnicas COPANT , miembro de la International Electrotechnical Commission IEC y miembro correspondiente de la International Organization for Standardization ISO.

**Revisión**

Esta norma está sujeta a ser revisada permanentemente con el objeto de que responda en todo momento a las necesidades y exigencias actuales.

**Características de aplicación de Normas Bolivianas**

Como las normas técnicas se constituyen en instrumentos de ordenamientotecnológico, orientadas a aplicar criterios de calidad, su utilización es un compromiso conciencial y de responsabilidad del sector productivo y de exigencia del sector consumidor.

**Información sobre Normas Técnicas**

IBNORCA, cuenta con un Centro de Información y Documentación que pone a disposición de los interesados Normas Internacionales, Regionales,Nacionales y de otros países.

**Derecho de Propiedad**

IBNORCA tiene derecho de propiedad de todas sus publicaciones, en consecuencia la reproducción total o parcial de las Normas Bolivianas estácompletamente prohibida.

Derecho de Autor
Resolución
217/94
Depósito Legal
N°4 - 3 - 493-94

**Instituto Boliviano de Normalización y Calidad**
Calle Ricardo Mujía N° 665 - Casilla 5034 - Teléfonos: 2419038 - 2418236 - Fax (591-2) 2418262
info@ibnorca.org - La Paz - Bolivia

Formato Normalizado A4 (210 mm x 297 mm) Conforme a Norma Boliviana NB 723001 (NB 029)

ANEXO 2 NB 1211002

# Norma Boliviana  NB 1211002

# Ladrillos cerámicos - Métodos de ensayo

Segunda revisión

ICS 91.100.25   Productos cerámicos para edificación Mayo

2003

Instituto Boliviano de Normalización y Calidad

## Prefacio

La revisión y actualización de la Norma Boliviana **NB 1211002-03 "Ladrillos cerámicos - Métodos de Ensayo (Segunda Revisión)"**, ha sido encomendada al Comité Técnico de Normalización 12.11 "Materiales cerámicos para la construcción"

Las instituciones y representantes que participaron fueron las siguientes:

| REPRESENTANTES | INSTITUCIÓN |
|---|---|
| Ing. José Antonio Zelaya | CABOCO - CADECO |
| Ing. Jorge Echazú | INSTITUTO DE ENSAYO DE MATERIALES - UMSA |
| Ing. Rodrigo Soliz | INCERPAZ |
| Ing. Fernando Lozano | UNIVERSIDAD UNIVALLE |
| Arq. Roberto Parrado | COLEGIO DE ARQUITECTOS |
| Arq. Gonzalo Ayala | FAVA - UMSA |
| Amilcar Peñafiel | IBNORCA |

Fecha de aprobación por el Comité Técnico de Normalización 2003 - 04 - 10

Fecha de aprobación por el Consejo Rector de Normalización 2003 - 04 - 24

Fecha de ratificación por La Directiva de IBNORCA 2003 - 05 - 12

IBNORCA NORMA BOLIVIANA NB 1211002

**Ladrillos cerámicos - Métodos de ensayo**

## 1 OBJETO Y CAMPO DE APLICACIÓN

Esta norma establece los métodos de ensayo aplicables a ladrillos cerámicos que se emplean en la construcción.

## 2 REFERENCIAS

Todo documento es susceptible de ser revisado y las partes que realicen acuerdos basados en esta norma se deben esforzar para buscar la posibilidad de aplicar sus ediciones más recientes.

NB 1211001 Ladrillos cerámicos - Ladrillos huecos - Clasificación y requisitos (Segunda revisión)
NB 1211003 Ladrillos cerámicos - ladrillos macizos - Requisitos (Primera revisión)

## 3 MÉTODOS DE ENSAYO

### 3.1 Resistencia a la compresión

#### 3.1.1 Aparato

Puede usarse cualquier máquina de compresión, provista de plato con rótula de segmento esférico, siempre que las superficies de contacto de los apoyos, sean iguales o mayores que las de las muestras de ensayo.

#### 3.1.2 Preparación de las muestras de ensayo

Las muestras de ensayo, serán ejemplares enteros para ladrillos perforados, huecos y macizos. El número de ladrillos a ensayar está determinado en la NB 1211001 tabla 6, los ladrillos serán previamente secados en horno a temperatura de 110°C – 115°C, hasta el peso constante.

Todas las muestras se ensayarán colocando el ladrillo de plano, es decir aplicando la carga en la dirección normal a la cara mayor o cara de carga.

Las caras mayores de las muestras deben ser refrentadas con capping de azufre como se describe a continuación:

La superficie de vaciado debe ser plana, con una tolerancia de 0.1mm en 400 mm de superficie rígida; debe estar apoyada de tal manera que no se flexione considerablemente durante la operación de refrentado. Formar un molde de tamaño adecuado con una plancha y cuatro (4) barras de acero, formando los bordes de un molde, aplicar una capa de aceite sobre toda la superficie del molde. Se calienta la mezcla de azufre en un recipiente controlado termostáticamente, a una temperatura suficiente para mantener la fluidez durante un período de tiempo razonable después del contacto con la superficie que se está recubriendo. Se debe evitar el sobrecalentamiento y se debe revolver el líquido del recipiente antes de su uso. Se llena el molde a una profundidad de seis (6) mm con material de azufre derretido.

Rápidamente, se coloca sobre el líquido la superficie de la unidad que se va a refrentar y se sostiene el ladrillo de manera que su eje vertical esté en ángulo recto sobre la superficie de refrentado.

Antes del refrentado se debe humedecer la superficie de la probeta. El espesor de los refrentados debe ser aproximadamente el mismo. No se debe efectuar el ensayo antes de dos (2) h de concluido el refrentado. Como alternativa se puede utilizar refrentado a base de mortero de cemento.

Se sugiere una mezcla de azufre con alguno de los siguientes materiales inertes:

- 30% en peso de Arena silícea.
- 15% en peso de puzolana.
- 10% en peso de arcilla.

La mezcla de azufre y material inerte se puede reutilizar hasta cinco (5) veces.

### 3.1.3 Procedimiento

Las muestras se ensayarán centrándolas con respecto a la rótula y de manera que la carga se aplique normalmente a las caras mayores. Hasta la mitad de la carga máxima supuesta se aplicará ésta a cualquier velocidad, la carga restante se aplicará en forma progresiva y sin golpes, en un tiempo no inferior a un (1) min ni superior a dos (2) min.

### 3.1.4 Cálculo

La resistencia a la compresión se calcula con la siguiente fórmula:

$$R_c = \frac{P}{A}$$

dónde:

$R_c$ = Resistencia a la compresión, en MPa
$P$ = Carga de rotura, en N
$A$ = Promedio de las áreas brutas superior e inferior de la muestra, en $mm^2$

### 3.1.5 Expresión de resultados

Se toma como resultado del ensayo, la media aritmética de la resistencia a la compresión de las piezas ensayadas.

## 3.2 Absorción de agua

### 3.2.1 Aparatos

Balanza que permita lecturas por lo menos del 0,5 % del peso de la muestra.

Horno con libre circulación de aire que permita mantener una temperatura comprendida entre 110 °C y 115 °C.

### 3.2.2 Preparación de las muestras de ensayo

Se desecan las muestras según NB 1211001, tabla 6, en un horno a temperatura entre 110 °C a 115 °C, se registra dicho peso.

### 3.2.3 Procedimiento

Una vez determinado el peso seco, según 3.2.2, se procede a enfriar las probetas, colocándolas separadamente, sin agruparlas, en una cámara ventilada, durante cuatro (4) h, haciendo pasar sobre ellas, una corriente de aire producido por un ventilador eléctrico, durante dos (2) h, para llevarlos a temperatura ambiente. Se sumergen luego, completamente en agua destilada a temperatura de 15 °C a 30 °C, durante veinticuatro (24) h.

A las veinticuatro (24) h de comenzar la inmersión, se retira del agua cada probeta, se seca con un paño húmedo y se pesa. La última pesada es el peso después de la absorción.

### 3.2.4 Cálculo

El contenido de agua absorbido, se calcula con la siguiente fórmula:

$$h = \frac{P_1 - P}{P} \cdot 100$$

donde:

h = Contenido de agua absorbido, en %
P = Peso de la muestra desecada, en g
$P_1$ = Peso de la muestra saturada luego de sumergida en agua, en g

### 3.2.5 Expresión de resultados

Se toma como resultado del ensayo, la media aritmética de los resultados obtenidos.

### 3.3 Dimensiones

#### 3.3.1 Aparato

Para la medición se emplea una regla de acero inoxidable de treinta (30)cm de longitud, graduada al milímetro o un calibre de mordazas paralelas provisto de una escala graduada entre 1 x 30 cm y divisiones correspondientes a un (1) mm.

#### 3.3.2 Procedimiento

El tamaño de la muestra y de medición están descritos en las NB 1211001 y NB 1211003 puntos 5.4.2 y 7.

#### 3.3.3 Expresión de resultados

Con los valores obtenidos, se calcula, para cada dimensión, el promedio general correspondiente al grupo de los ladrillos de la muestra.

### 3.4 Heladicidad

#### 3.4.1 Aparatos

Cámara frigorífica capaz de mantener la temperatura de -15°C ± 5°C durante el tiempode duración del ensayo.

Tanque de deshielo con las medidas necesarias para permitir la inmersión completa de lasprobetas.

#### 3.4.2 Toma de muestras

Tomar seis (6) ladrillos de partidas hasta de diez mil (10 000) piezas.

Cortar por la mitad cada ladrillo, denominando A y B a cada una de las mitades correspondientes a un mismo ladrillo.

Los seis (6) medios ladrillos A serán sometidos al ensayo de heladicidad.

Los otros seis (6) medios ladrillos B se reservarán para el ensayo comparativo de resistencia a la compresión.

#### 3.4.3 Procedimiento

Se introducen los seis (6) medios ladrillos A en el tanque de deshielo durante cuarenta y ocho (48) h a una temperatura de 15°C ± 5°C, de forma que la inmersión completa de las probetas se produzca gradualmente en un tiempo mínimo de tres horas. Transcurridas las cuatreña y ocho (48) h se sacan del agua, se dejan escurrir durante un (1) min y se introducen en la cámara frigorífica de forma tal que no exista contacto entre ellos ni con las paredes de la cámara.

Se mantienen en la cámara frigorífica durante dieciocho (18) h. Seguidamente se introducen en el tanque de deshielo durante seis (6) h. Este ciclo de hielo - deshielo se repite veinticinco (25) veces.

#### 3.4.4 Expresión de resultados

Completando los veinticinco (25) ciclos de hielo y deshielo, se procede a la inspección ocular de las piezas, comprobando que durante el ensayo no se han producido exfoliaciones, fisuras o cráteres.

En caso de duda o de no observación de estos defectos, se procederá a realizar el ensayo comparativo de resistencia a la compresión según el punto 3.1

**NOTA**

En caso de aparecer exfoliaciones, cráteres, fisuras, antes de completar los veinticinco (25) ciclos, interrumpir el ensayo y calificar el ladrillo como heladizo.

Obtenidos los resultados del ensayo de resistencia a la compresión se calificará el ladrillo según los siguientes valores del coeficiente K:

K ≥ 0,8        no heladizo
0,7 ≤ K < 0,8  potencialmente heladizo
K < 0,7        heladizo

Siendo: $K = \dfrac{R_A}{R_B}$

Donde:

$R_A$ = Valor medio de la resistencia de las probetas de la serie A, en MPa
$R_B$ = Valor medio de la resistencia de las probetas de la serie B, en MPa

### 3.5 Eflorescencia

#### 3.5.1 Aparatos

- Recipiente limpio, lavado con agua destilada.
- Horno de desecación con libre circulación de aire y con regulador de temperatura para mantenerlo a 110°C ± 5°C

#### 3.5.2 Tamaño de la muestra

Tomar siete (7) ladrillos de partidas hasta diez mil (10 000) piezas, uno de ellos se utiliza como patrón y los seis (6) restantes se ensayan.

Los ladrillos se ensayan tal como se reciben, excepto cuando tengan alguna adherencia extraña que pueda ser causa de errores en la eflorescencia, en cuyo caso se procede a un cepillado para eliminar dicha adherencia.

### 3.5.3 Procedimiento

Cada probeta se ensaya en un recipiente de manera individual, debido a que una probeta con un contenido considerable de sales solubles puede contaminar a otras libres de ellas.

Colocar la probeta en el recipiente sobre apoyos como se muestra en la figura 1, con el nivel de agua indicado, durante siete (7) días.

Transcurridos los siete (7) días de ensayo, se sacan los seis (6) ladrillos del recipiente y junto con el ladrillo patrón se introducen en la estufa de desecación durante veinticuatro (24) h.

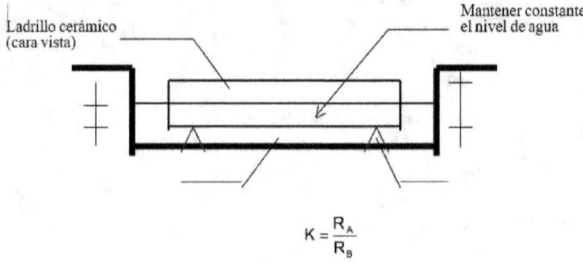

$$K = \frac{R_A}{R_B}$$

$R_A$ = Valor medio de la resistencia de las probetas de la serie A, en MPa $R_B$ = Valor medio de la resistencia de las probetas de la serie B, en MPa

### 3.6 Eflorescencia

#### 3.6.1 Aparatos

- Recipiente limpio, lavado con agua destilada.
- Horno de desecación con libre circulación de aire y con regulador de temperatura paramantenerlo a 110°C ± 5°C

#### 3.6.2 Tamaño de la muestra

Tomar siete (7) ladrillos de partidas hasta diez mil (10 000) piezas, uno de ellos se utiliza comopatrón y los seis (6) restantes se ensayan.

Los ladrillos se ensayan tal como se reciben, excepto cuando tengan alguna adherencia extraña que pueda ser causa de errores en la eflorescencia, en cuyo caso se procede a un cepillado para eliminar dicha adherencia.

#### 3.6.3 Procedimiento

Cada probeta se ensaya en un recipiente de manera individual, debido a que una probeta conun contenido considerable de sales solubles puede contaminar a otras libres de ellas.

Colocar la probeta en el recipiente sobre apoyos como se muestra en la figura 1, con el nivel deagua indicado, durante siete (7) días.

Transcurridos los siete (7) días de ensayo, se sacan los seis (6) ladrillos del recipiente y juntocon el ladrillo patrón se introducen en la estufa de desecación durante veinticuatro (24) h.

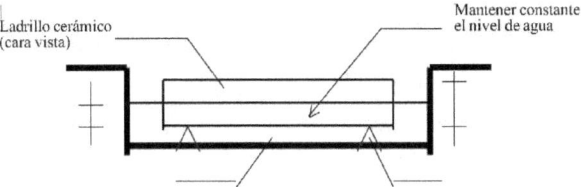

Ladrillo cerámico (cara vista)

Mantener constante el nivel de agua

### 3.6.4 Expresión de resultados

Después de la desecación se observan las caras vistas de los siete (7) ladrillos, procediéndose a la calificación individual, según el criterio siguiente:
- **No eflorescido:** Cuando no se observa diferencia con el ladrillo patrón. En este caso, la calificación del ladrillo es cero.
- **Ligeramente eflorescido:** Cuando se observa un velo homogéneo de capa fina discernible por comparación con el ladrillo patrón, o bien, cuando se producen manchas diferenciadas en aristas y vértices. En este caso, la calificación de los ladrillos es uno (1).
- **Eflorescido:** Cuando se observan manchas claramente diferenciadas en la cara vista o cuando la eflorescencia invade su totalidad. En este caso, la calificación del ladrillo esdos (2).

La calificación de la muestra ensayada corresponde a la sumatoria de los valores individuales obtenidos.

### 3.7 Inclusiones calcáreas - caliche

#### 3.7.1 Aparato

Recipiente que permita mantener en baño de vapor las probetas durante tres (3) h.

#### 3.7.2 Tamaño de la muestra

Tomar seis (6) ladrillos de partidas hasta diez mil (10000) piezas.

#### 3.7.3 Procedimiento

Tras examinar cuidadosamente las probetas por sus caras, se marcarán los cráteres existentes.

A continuación se colocan las probetas, al baño de vapor durante tres (3) h. La cara vista se colocará hacia abajo, frente al flujo de vapor.
La distancia entre la superficie inferior de la pieza y el nivel de agua estará comprendido entre cinco (5) cm y diez (10) cm durante el tiempo de duración del ensayo.

Pasado este tiempo, se examina nuevamente, las probetas anotando el número y la dimensiónmedia de los nuevos cráteres.

Dimensión media de un cráter, es la media de las longitudes de los lados del menor rectángulocircunscrito.

#### 3.7.4 Expresión de resultados

Sólo se considerarán los cráteres con diámetro medio superior a siete (7) mm, agrupándose endos tipos:

a) De 7 mm a 15mm;
b) superiores a 15mm.

### 3.7.5 Expresión de resultados

Después de la desecación se observan las caras vistas de los siete (7) ladrillos, procediéndose a la calificación individual, según el criterio siguiente:

- **No eflorescido:** Cuando no se observa diferencia con el ladrillo patrón. En este caso, la calificación del ladrillo es cero.
- **Ligeramente eflorescido:** Cuando se observa un velo homogéneo de capa fina discernible por comparación con el ladrillo patrón, o bien, cuando se producen manchas diferenciadas en aristas y vértices. En este caso, la calificación de los ladrillos es uno (1).
- **Eflorescido:** Cuando se observan manchas claramente diferenciadas en la cara vista o cuando la eflorescencia invade su totalidad. En este caso, la calificación del ladrillo es dos (2).

La calificación de la muestra ensayada corresponde a la sumatoria de los valores individuales obtenidos.

### 3.8 Inclusiones calcáreas - caliche

#### 3.8.1 Aparato

Recipiente que permita mantener en baño de vapor las probetas durante tres (3) h.

#### 3.8.2 Tamaño de la muestra

Tomar seis (6) ladrillos de partidas hasta diez mil (10000) piezas.

#### 3.8.3 Procedimiento

Tras examinar cuidadosamente las probetas por sus caras, se marcarán los cráteres existentes.

A continuación se colocan las probetas, al baño de vapor durante tres (3) h. La cara vista se colocará hacia abajo, frente al flujo de vapor.
La distancia entre la superficie inferior de la pieza y el nivel de agua estará comprendido entre cinco (5) cm y diez (10) cm durante el tiempo de duración del ensayo.

Pasado este tiempo, se examina nuevamente, las probetas anotando el número y la dimensión media de los nuevos cráteres.

Dimensión media de un cráter, es la media de las longitudes de los lados del menor rectángulo circunscrito.

#### 3.8.4 Expresión de resultados

Sólo se considerarán los cráteres con diámetro medio superior a siete (7) mm, agrupándose en dos tipos:

a) De 7 mm a 15mm;
b) superiores a 15mm.

Contar las probetas con cráteres del tipo a) y el total de cráteres del tipo b) en el conjunto de lasseis (6) probetas.

## 4   BIBLIOGRAFÍA

FONDO PARA LA NORMALIZACIÓN Y LA CERTIFICACIÓN DE LA CALIDAD – FONDONORMA (VENEZUELA)

COVENIN 76.6-60 Métodos de ensayo de ladrillos de
arcillaCOVENIN 76.2-60 Métodos de ensayo de
bloques de arcilla

INSTITUTO ARGENTINO DE NORMALIZACIÓN Y CALIDAD - IRAM

IRAM 1549 Ladrillos de construcción - Métodos de ensayo

generalesINSTITUTO NACIONAL DE NORMALIZACIÓN

- INN (CHILE)

N Ch 167 Of 2001 Construcción - Ladrillos cerámicos - Ensayos

INSTITUTO COLOMBIANO DE NORMALIZACIÓN TÉCNICA Y CERTIFICACIÓN -ICONTEC

NTC 4017 Ingeniería Civil y Arquitectura. Métodos para muestreo y ensayos de unidades de mampostería de arcilla.

ASOCIACIÓN ESPAÑOLA DE NORMALIZACIÓN Y CERTIFICACIÓN - AENOR

UNE 67028-84 Ladrillos de arcilla cocida. Ensayo de heladicidad.
UNE 67039-93 Productos cerámicos de arcilla cocido. Determinación de inclusionescalcáreas.

**NB**
**1211002**
2003

**IBNORCA: Instituto Boliviano de Normalización y Calidad**

IBNORCA creado por Decreto Supremo N°23489 de fecha 1993-04-29 y ratificado como parte componente del Sistema Boliviano de la Calidad (SNMAC) por Decreto Supremo N° 24498 de fecha 1997-02-17, es la Organización Nacional de Normalización responsable del estudio y la elaboración de Normas Bolivianas.

Representa a Bolivia ante los organismos Subregionales, Regionales e Internacionales de Normalización, siendo actualmente miembro activo del Comité Andino de Normalización CAN, del Comité Mercosur de Normalización CMN, miembro pleno de la Comisión Panamericana de Normas Técnicas COPANT, miembro de la International Electrotechnical Commission IEC y miembro correspondiente de la International Organization for Standardization ISO.

**Revisión**

Esta norma está sujeta a ser revisada permanentemente con el objeto de que responda en todo momento a las necesidades y exigencias actuales.

**Características de aplicación de Normas Bolivianas**

Como las normas técnicas se constituyen en instrumentos de ordenamiento tecnológico, orientadas a aplicar criterios de calidad, su utilización es un compromiso conciencial y de responsabilidad del sector productivo y de exigencia del sector consumidor.

**Información sobre Normas Técnicas**

IBNORCA, cuenta con un Centro de Información y Documentación que pone a disposición de los interesados Normas Internacionales, Regionales, Nacionales y de otros países.

**Derecho de Propiedad**

IBNORCA tiene derecho de propiedad de todas sus publicaciones, en consecuencia la reproducción total o parcial de las Normas Bolivianas está completamente prohibida.

Derecho de Autor
Resolución
217/94
Depósito Legal
N°4 - 3 - 493-94

Teléfonos: 2419038 - 2418236 - Fax (591-2) 2418262 info@ibnorca.org - La Paz - Bolivia
Formato Normalizado A4 (210 mm x 297 mm) Conforme a Norma Boliviana NB 723001
(NB 029)

ANEXO 3 NB 1211003

# Norma Boliviana  NB 1211003

## Ladrillos cerámicos - Ladrillos macizos - Requisitos

Primera revisión

ICS 91.100.25    Productos cerámicos para edificación Mayo 2003

Instituto Boliviano de Normalización y Calidad

## Prefacio

La revisión y actualización de la Norma Boliviana **NB 1211003-03 "Ladrillos cerámicos - Ladrillos Macizos - Requisitos (Primera Revisión)"**, ha sido encomendada al Comité Técnico de Normalización 12.11, " Materiales cerámicos para la construcción "

Las instituciones y representantes que participaron fueron las siguientes:

| REPRESENTANTES | INSTITUCIÓN |
|---|---|
| Ing. José Antonio Zelaya | CABOCO - CADECO |
| Ing. Jorge Echazú | INSTITUTO DE ENSAYO DE MATERIALES - UMSA |
| Ing. Rodrigo Soliz | INCERPAZ |
| Ing. Fernando Lozano | UNIVERSIDAD UNIVALLE |
| Arq. Roberto Parrado | COLEGIO DE ARQUITECTOS |
| Arq. Gonzalo Ayala | FAVA - UMSA |
| Amilcar Peñafiel | IBNORCA |

Fecha de aprobación por el Comité Técnico de Normalización 2003 - 04 - 10

Fecha de aprobación por el Consejo Rector de Normalización 2003 - 04 - 24

Fecha de ratificación por La Directiva del IBNORCA 2003 - 05 - 12

IBNORCA              NORMA BOLIVIANA              NB 1211003

**Ladrillos cerámicos - Ladrillos macizos - Requisitos**

**1   OBJETO Y CAMPO DE APLICACIÓN**

Esta norma establece la clasificación, características y requisitos que deben cumplir los ladrillos cerámicos macizos que se emplean en la construcción.

**2   REFERENCIAS**

Todo documento es susceptible de ser revisado y las partes que realicen acuerdos basados en esta norma, se deben esforzar para buscar la posibilidad de aplicar sus ediciones más recientes.

NB 399          Sistema Internacional de Unidades - SI
NB 1211002   Ladrillos cerámicos - Métodos de ensayo (Primera revisión)

**3   DEFINICIONES**

**3.1   Ladrillo macizo**

Son ladrillos generalmente con forma de paralelepípedo, que no poseen huecos y cuyas características mecánicas y físicas son las especificadas en esta norma.

**3.2   Dimensión nominal**

Dimensión de las aristas, especificada por el fabricante.

**3.3   Dimensión real**

Dimensión obtenida como promedio de las mediciones en las caras de cada ladrillo.

**4   CLASIFICACIÓN**

Los ladrillos macizos se clasifican desde el punto de vista de su resistencia a la compresión, de acuerdo a lo especificado en la tabla 4.

**5   CONDICIONES GENERALES**

**5.1   Fabricación**

El ladrillo cerámico macizo, es fabricado básicamente con arcilla, conformado por prensado o por extrusión y cocido a una temperatura que le confiere al producto final, características especificadas en esta norma.

## 5.2 Identificación

Debe tener la identificación del fabricante sin que perjudique su uso.

## 5.3 Características visuales

Los ladrillos no deben presentar superficies irregulares ni deformaciones que impidan su empleo.

## 5.4 Características geométricas

### 5.4.1 Formas

Los ladrillos cerámicos macizos, generalmente poseen la forma de un paralelepípedo (véase figura 1).

### 5.4.2 Determinación de las dimensiones

Las mediciones se efectuarán según se establece en la tabla 1.

**Tabla 1 - Dimensiones de los ladrillos macizos**

| Dimensiones | Procedimiento de medición |
|---|---|
| Largo | Cuatro (4) mediciones, una por el centro de cada cara |
| Ancho | Seis (6) mediciones, tres (3) en puntos distribuidos uniformemente en la cara superior y tres (3) en la cara inferior |
| Alto | Seis (6) mediciones, tres (3) en cada superficie de corte |

### 5.4.3 Determinación de la desviación con relación a la escuadra

Se debe medir la desviación en relación a la escuadra (D), en las caras destinadas al asentamiento o revestimiento del bloque, conforme se muestra en la figura 2 y tabla 3, empleando una escuadra metálica de 90° ± 0,5°.

## 5.5 Determinación de la planeza de las caras

Se determina la planeza de las caras (P), a través de la diagonal (véase figuras 3 y tabla 3), empleando una regla metálica con precisión de 0,5 mm.

## 6 REQUISITOS ESPECIALES

### 6.1 Dimensiones nominales, medidas y tolerancia

Los fabricantes de ladrillos cerámicos pueden fabricar en formas y dimensiones diversas, las especificaciones pueden ser acordadas entre productor y consumidor. Cuando no hubiere un acuerdo, se deben respetar las especificaciones contenidas en esta norma.

En la tabla 2, se presentan ejemplos de dimensiones modulares.

**Tabla 2 - Dimensiones nominales de ladrillos cerámicos macizos**

| Tipo | Dimensiones nominales (mm) | | |
|---|---|---|---|
| | Ancho (A) | Alto (H) | Largo (L) |
| Ladrillos macizos | 110 | 30 | 230 |
| | 150 | 30 | 220 |
| | 110 | 40 | 230 |
| | 150 | 50 | 220 |
| | 100 | 55 | 220 |

#### 6.1.1 Tolerancia dimensional

Las dimensiones exteriores de las unidades de cualquier tipo o clase, pueden variar en un dos (2) %, como máximo, por encima o por debajo de las medidas nominales especificadas para todas las formas y tamaños que se fabriquen.

**Tabla 3 - Tolerancias de fabricación**

| Dimensión | Tolerancia |
|---|---|
| Desviación con relación a la escuadra (D) (máx.) | 2 % |
| Planeza (P) (máx.) | 3 mm |

### 6.2 Resistencia a la compresión

Los ladrillos cerámicos macizos que se ensayan según NB 1211002 punto 3.1, deben cumplir con los requisitos de la tabla 4.

**Tabla 4 - Resistencia a la compresión**

| Clase | Resistencia a la compresión área bruta - min. (MPa) |
|---|---|
| A | 4,0 |
| B | 2,5 |
| C | 1,5 |

### 6.3 Absorción

Los ladrillos cerámicos macizos que se ensayen según NB 1211002 punto 3.2, no tendrán una absorción de agua menor a 8 %, ni mayor a 20 %.

## 7 MUESTREO

Las dimensiones nominales deben ser verificadas en lotes no superiores a diez mil (10 000) ladrillos.

Para verificar si los ladrillos de un lote cumplen con el requisito de resistencia a la compresión, absorción y dimensión, el tamaño del lote, muestra y criterio de aceptación y rechazo (véase tabla 5).

### Tabla 5 - Número de ladrillos, de lotes y de muestras

| Lotes | Muestra | | Unidades defectuosas | | | |
|---|---|---|---|---|---|---|
| | Primera muestra | Segunda muestra | 1$^{ra}$ muestra | | (1$^{ra}$+2$^{da}$) muestra | |
| | | | N° de $A_c$ | N° de $R_e$ | N° de $A_c$ | N° de $R_e$ |
| 1 000 - 3 000 | 8 | 8 | 1 | 4 | 4 | 5 |
| 3 001 - 35 000 | 13 | 13 | 2 | 5 | 6 | 7 |

En caso de que un número de ladrillos defectuosos, en el lote, esté entre el número de aceptación ($A_c$) y de rechazo ($R_e$) de la primera muestra, se procederá a ensayar la segunda muestra.

## 8 BIBLIOGRAFÍA

COMISIÓN VENEZOLANA DE NORMAS INDUSTRIALES - COVENIN

NORVEN 76.1-60 Ladrillos de arcilla
NORVEN 76.2-60 Bloques de arcilla
NORVEN 76.2-60 Bloques de arcilla para paredes de carga

INSTITUTO ARGENTINO DE NORMALIZACIÓN Y CALIDAD - IRAM

IRAM 12519 Ladrillos cerámicos comunes

INSTITUTO NACIONAL DE NORMALIZACIÓN - INN (CHILE)

N Ch 169 c R71 Ladrillos cerámicos

ASOCIACIÓN BRALILERA DE NORMAS TÉCNICAS - ABNT

NBR 7170    Tijolo macizo cerámico para albañilería
NBR 8041    Tijolo macizo cerámico para albañilería - Formas y Dimensiones

Anexo

A

Figuras

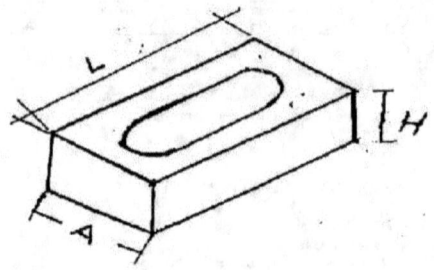

Figura 1 - Determinación de las dimensiones

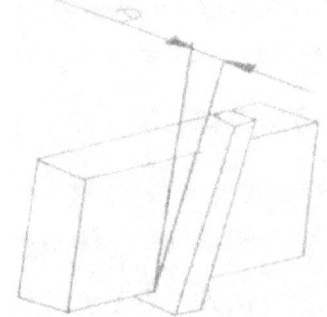

Figura 2 – Determinación de la desviación

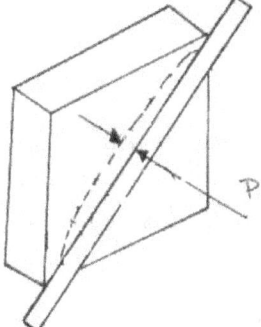

Figura 3 – Determinación de la planitud

**NB**
**1211003**
2003

**IBNORCA: Instituto Boliviano de Normalización y Calidad**

IBNORCA creado por Decreto Supremo N°23489 de fecha 1993-04-29 y ratificado como parte componente del Sistema Boliviano de la Calidad (SNMAC) por Decreto Supremo N° 24498 de fecha 1997-02-17, es la Organización Nacional de Normalización responsable del estudio y la elaboración de Normas Bolivianas.

Representa a Bolivia ante los organismos Subregionales, Regionales e Internacionales de Normalización, siendo actualmente miembro activo del Comité Andino de Normalización CAN, del Comité Mercosur de Normalización CMN, miembro pleno de la Comisión Panamericana de Normas Técnicas COPANT , miembro de la International Electrotechnical Commission IEC y miembro correspondiente de la International Organization for Standardization ISO.

**Revisión**

Esta norma está sujeta a ser revisada permanentemente con el objeto de que responda en todo momento a las necesidades y exigencias actuales.

**Características de aplicación de Normas Bolivianas**

Como las normas técnicas se constituyen en instrumentos de ordenamiento tecnológico, orientadas a aplicar criterios de calidad, su utilización es un compromiso conciencial y de responsabilidad del sector productivo y de exigencia del sector consumidor.

**Información sobre Normas Técnicas**

IBNORCA, cuenta con un Centro de Información y Documentación que pone a disposición de los interesados Normas Internacionales, Regionales, Nacionales y de otros paises.

**Derecho de Propiedad**

IBNORCA tiene derecho de propiedad de todas sus publicaciones, en consecuencia la reproducción total o parcial de las Normas Bolivianas está completamente prohibida.

Derecho de Autor Resolución 217/94

Depósito Legal N.4 - 3 - 493-94

Instituto Boliviano de Normalización y Calidad

Calle Ricardo Mujía N° 665 - Casilla 5034 - Teléfonos: 2419038 - 2418236 - Fax (591-2) 2418262 info@ibnorca.org - La Paz - Bolivia

Formato Norma

Alizado A4 (210 mm x 297 mm) Conforme a Norma Boliviana NB 723001 (NB 029

www.ingramcontent.com/pod-product-compliance
Lightning Source LLC
Chambersburg PA
CBHW050057230526

45470CB00004B/1573